Economic Analysis on
Incomplete Construction Contracts

不完全施工合同的经济分析

郑宪强　周镇东　孙　楠　著

華中科技大學出版社
http://press.hust.edu.cn
中国·武汉

内容简介

本书以经济分析法学为视角，以当事人的有限理性和自利动机为假设，将更贴近现实的不完全施工合同作为研究对象，通过合同法的经济分析，研究了不完全施工合同法律规制的内生经济规则，旨在在公平价值目标的基础上实现卡尔多－希克斯效率。在不完全施工合同脆弱性评价的基础上，本书深入探讨了不同的风险分配方案对合同效率的影响，并通过与风险相匹配的对价方案实现兼顾公平和效率的价值目标。针对履约障碍，本书分别从正式契约和关系契约角度，构建了不同的自我履约激励，为降低施工合同交易成本和防范当事人机会主义行为提供了解决方案。

图书在版编目(CIP)数据

不完全施工合同的经济分析 / 郑宪强，周镇东，孙楠著. -- 武汉 ：华中科技大学出版社，2024. 12. -- ISBN 978-7-5772-1416-0

Ⅰ. TU723.1

中国国家版本馆 CIP 数据核字第 2024FU1967 号

不完全施工合同的经济分析　　　　郑宪强　周镇东　孙　楠　著

Buwanquan Shigong Hetong de Jingji Fenxi

策划编辑：周永华
责任编辑：李曜男
封面设计：张　靖
责任监印：朱　玢
出版发行：华中科技大学出版社（中国·武汉）　　电话：(027) 81321913
　　　　　武汉市东湖新技术开发区华工科技园　　邮编：430223
录　　排：华中科技大学出版社美编室
印　　刷：武汉科源印刷设计有限公司
开　　本：710mm×1000mm　1/16
印　　张：13
字　　数：212 千字
版　　次：2024 年 12 月第 1 版第 1 次印刷
定　　价：88.00 元

前言 | Preface

本书聚焦以下两个基本问题：不完全施工合同的经济分析法学分析和基于激励相容视角的不完全施工合同设计。

一、不完全施工合同的经济分析法学分析

建筑业是我国的支柱产业之一，也是投资主导型经济的主要载体。作为建筑市场交易的外在表现形式，建设工程施工合同承载着当事人的经济诉求，隐含着不同的激励。合作动机和激励结构决定了施工合同的输出结果，施工合同的经济性关系到我国经济发展的效率和质量。一直以来，建设工程施工合同纠纷诉讼案件数量一直居高不下，仲裁案件数量是诉讼案件的2～3倍，非诉纠纷更是涉及几乎所有施工合同。施工合同纠纷很大程度上源自合同的不完全性。这种不完全性基于有限理性和交易成本的实用主义基本假设，而且这种假设更贴近现实。不完全合同理论立足实践，放宽了阿罗-德布鲁模型一般均衡条件下完全合同的严苛假设，拟合真实市场环境，更具解释力和实用性。

经济分析法学的强项在于分析经济活动。本书以经济分析法学为基础，将法律制度视为经济发展内生变量，利用价格理论工具进行成本收益分析，探讨法律规则在调整不完全合同时的经济合理性。通过分析，本书认为公平和效率并非天然相悖的价值目标，法律制度的价值目标就是实现过程的效率和结果的公平，这一价值目标需要在法的经济分析框架下求解财产规则、责任规则和不可剥夺的规则。本书通过对经济分析法学的合同观的梳理，认为由于合同的不完全性以及当事人的自利动机，缔约当事人倾向于

采取机会主义行为。在没有相应合同规则或法律规则缺位的情形下，逆向选择、道德风险、敲竹杠等行为难以避免。当事人之间的信任度越低，不完全施工合同的目标合同状态就越难实现。在此情形下，不完全施工合同带有明显的黏性和脆弱性特征。向对方履约的需求越大，寻找到替代履行的机会越困难，合同状态越不稳定。当事人利用持续脆弱性评价，不断“证实”或“证伪”不确定性，以及合同法对当事人合同义务和合同责任的扩张，使机会主义倾向不断得到矫正，使合同现实状态收敛于目标状态。

不完全施工合同就是当事人分配风险与收益的解决方案。风险权责的界定关系到资源的分配效率。在科斯第三定理的基础上，本书认为法律对风险资源的初始配置优于意思自治条件下的配置，激励是合同法律制度的核心，它会使当事人主观利己的行为导向客观利他的结果。可预见性风险分配模式和基于经济分析法学的风险分配模式适用于合同前谈判，可管理性风险分配模式适用于合同后再谈判。依据可预见性模式，我们可以将可预见性风险在通用条款中最大限度地进行约定，并按照效率原则进行分析，以降低重复性的交易成本；对于不可预见风险，发包人和承包人可以根据福利最大化原则进行再谈判。在分配不可预见风险时，我们要考虑谁是最佳的风险控制者和管理者，将风险分配给能够进行最佳管理和有能力降低该风险的一方。如果这种分配不符合当事人的风险偏好，我们可以通过对价将风险进行经济性转移，最终实现风险成本最小化和福利最大化目标。

本书将施工合同状态的构成要素分为工程项目本身、合同主体、环境、合同文件等四大要素，并通过文献调查法和案例分析法将这四大要素分为二十四个观测变量。通过对工程从业者的调查，我们分别对所得数据进行了信度分析和效度分析，并采用 Lisrel 8.7 软件进行了结构方程模型的拟合计算、修正，发现合同主体因素对合同对价纠纷无直接影响，其他三个因素对合同对价产生正向影响。环境因素对合同对价纠纷的影响较小，工程项目本身因素对合同对价纠纷的影响较大，合同文件因素对合同对价纠纷的影响最大。

施工合同的“不完全”引发的纠纷可以通过意思自治的再谈判或公权力裁判来解决。基于意思自治的和解和调解交易成本较低，且均符合帕累托效率标准，通过激励矫正，能在较大程度上降低效率漏损。但是，公权力裁判则另当别论。若裁判法律规则本身是有效率的，则基于成本收益原则的公权力裁判也是有效率的。若裁判法律规则本身是不符合效率标准的，则公权力裁判也会无视当事人的机会主义动机，裁判结果无关效率，完全是合同资源的再分配。

二、基于激励相容视角的不完全施工合同设计

近年来，建设工程合同纠纷案件数目居高不下，承包人违背契约精神的道德风险行为屡见不鲜，使发包人的项目利益受损并对合同履约效率产生负面影响。基于国内外研究发现，目前对承包人道德风险问题的研究大多是通过文献研究或访谈等方法进行，而通过司法实践中的判例进行分析研究的较少；多数研究较少从正式契约与关系契约角度探讨对承包人的激励路径。本书以此为契机，通过研究文献、合同示范文本、司法判例对道德风险行为原因进行分析，并结合多任务委托代理理论模型建立发包人与承包人的成本-收益函数，探究在正式契约下当期激励与关系契约下远期激励模型的履约激励影响因素，并基于发包人的角度提出防范承包人道德风险的履约激励路径。研究表明，正式契约的激励取决于发包人与承包人的风险分配条款的设置，适当调整符合建设项目目标状态工期、成本、质量的合同激励条款有助于提升承包人的努力程度，因此完备正式契约自身具备的可测度性约束了承包人的道德风险行为，且能被法院等第三方观测，客观上保护了发包人的合法权益，有助于合同目的的实现。然而，现实正式契约的不完备性决定了其仍存在激励不足的现象，关系契约的介入能有效弥补这一不足，促进双方履约效率的提升。关系契约一方面通过自执行力调整发包人与承包人之间的合作关系，另一方面侧重调整长期合作关系，在双方间建立信任合作网络。所以，正式契约与关系契约相辅相成、当期激励与远期激励相容的建设项目履约激励组合模式，是合同当事人提高自我履约拘束力、防范承包人道德风险、促进当事人持续合作交易、降低交易成本、构建有序建筑市场秩序的效率选择。

目录 | Contents

第 1 章
概　　述

1.1 问题的提出

作为经济和社会发展的载体和工具，建设项目投资在中国经济和社会中的角色不可替代。图 1-1 所示的统计数据显示，近三十年来，我国全社会固定资产投资规模与 GDP 增长呈现明显的正相关关系，这也印证了我国经济发展具有较强的投资主导型特征。建设项目作为固定资产投资主体，对国民经济的贡献率首屈一指。基础设施项目、公共事业工程、房地产项目等建设项目对改善我国投资环境，以及企业和居民生产和生活环境功不可没。根据各省、市、区发布的 2023 年投资计划，27 个省份预计完成投资约 10.28 万亿元，其中基建投资占总投资的比例基本保持在 50%以上。在未来一段时间内，基建投资仍然是推动中国经济发展的主角。

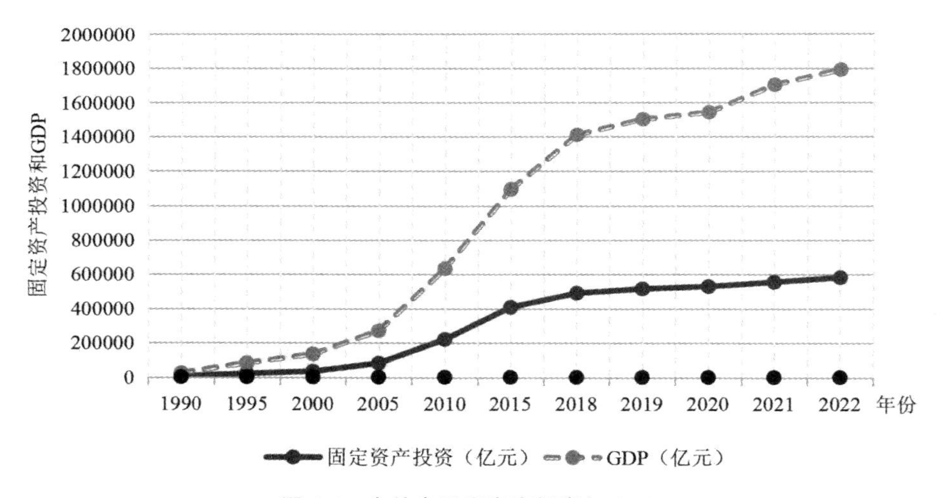

图 1-1 全社会固定资产投资与 GDP

（资料来源：国家统计局）

根据住房和城乡建设部 2022 年发布的《“十四五”建筑业发展规划》，全国建筑业总产值年均增长率要控制在合理区间，其中一个重要量化指标就是建筑业增加值占国内生产总值的比重维持在 6%左右。如图 1-2 所示，

2012—2021年，建筑业增加值在国内生产总值中的占比基本维持在7%左右。2022年，受疫情影响，比重为6.89%。2023年，在基础建设和房地产业利好政策的带动下，该指标有望再度回调至7%以上。

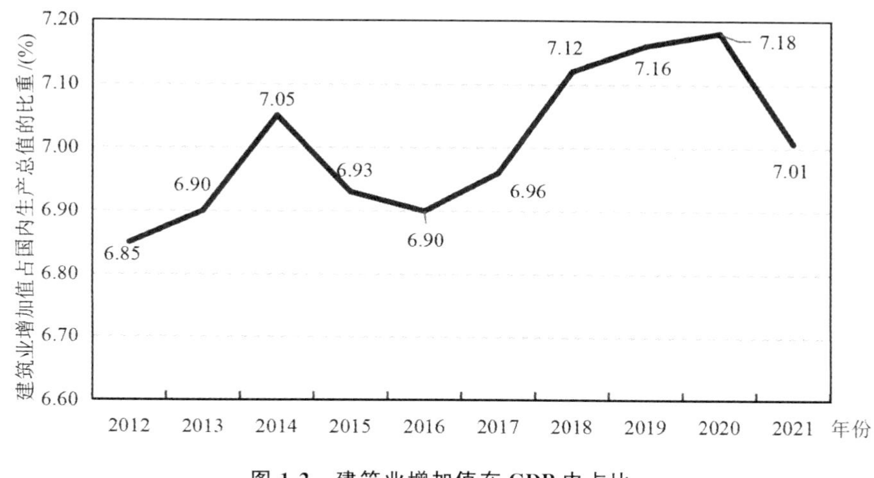

图1-2　建筑业增加值在GDP中占比

在经济结构转型期间，我们不仅要关注增量，而且要关注增量的效率与质量。在策划、可研、勘察设计、施工、运营等全过程中，各阶段工作质量在很大程度上决定了建设项目的成败与效率。鉴于建设项目投资大、施工不可逆、管理的非鲁棒性，在建设项目施工过程中，风险头寸逐步暴露，纠纷不断。不论是质量纠纷、工程款纠纷、合同效力纠纷、优先受偿权纠纷、保证金纠纷、实际履行纠纷、强制性规定纠纷、第三人纠纷，还是违约金纠纷，归根结底都属于建设工程合同纠纷。据中国裁判文书网数据，近十年来，建设工程合同纠纷案件每年逾十万件。

在建设工程项目中，施工合同作为双方当事人交易的核心依据，规定了发包人、承包人之间的权利义务边界、风险分担机制等内容约束双方的履约行为。通过对中国裁判文书网的司法案例进行筛选与统计（筛选条件为案由是建设工程施工合同纠纷，文书类型为判决书）可知，2012—2020年建设工程施工合同纠纷案件数量呈逐年递增趋势，如图1-3所示。2021年案件数量骤减的原因是在疫情的影响下，开工项目数量减少，法院办公时间减缩、当事人的诉讼意愿降低、案件积压结案延迟等对司法效率产生一定影响。但从整体趋势上不难看出，施工合同纠纷仍是行业纷争的主要问题，这与建筑行业的特点吻合。工程施工合同在整个工程合同体系中是非常具有代表性的合同类型，具有持续时间长、工程庞大复杂、价格高的特点。建设工程合同纠纷案件数目居高不下，承包人凭借自身信息优势触发道德风险行为的现象屡见不鲜，基于此，本书通过研究发包人与承包人之间的履约现状，探究承包人道德风险行为并溯源，通过建立发包人与承包人的成本-收益模型寻求履约激励路径并提出相应的解决对策，从而防范承包人道德风险，促进当事人持续合作交易，提高建设工程项目履约效率。

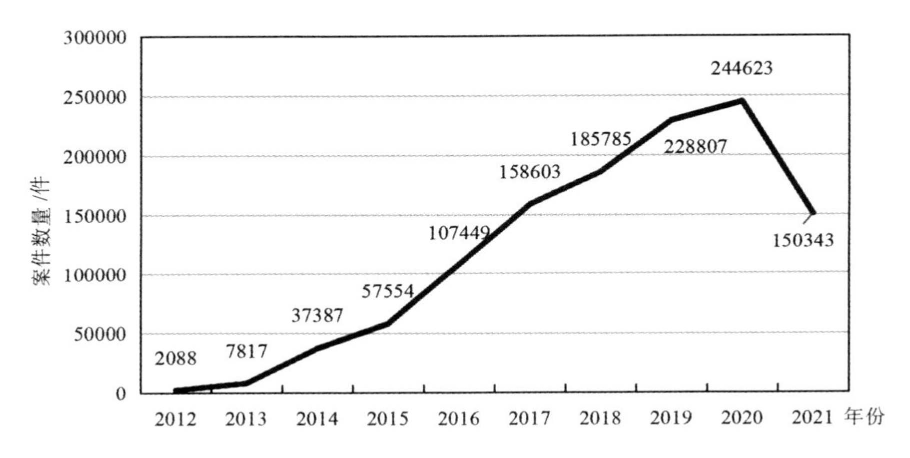

图 1-3 2012—2021 年建设工程施工合同纠纷案件数量变化趋势

根据 Alpha 案例库和中国裁判文书网的数据，最近几年最高人民法院审结的建设工程合同纠纷案件基本保持在 1000 件左右，如表 1-1 所示。由于疫情影响，以及近年来房地产开发投资规模大幅萎缩，2022 年审结案件显著较少。从历年数据来看，最高人民法院审结的一审案件最少，占 0.326%；二审案件占 19.57%；再审案件最多，占 80.414%。其中，93.73%的案件为建设工程施工合同纠纷。这些争议案件的争议标的额较大，其中 1000 万元以上的占 87%，1 亿元以上的占 24%。

表 1-1 最高人民法院审结的建设工程合同纠纷案件

年份	2013	2014	2015	2016	2017	2018	2019	2020	2021	2022
总体数量/件	490	459	681	745	1174	925	1017	1050	878	130

续表

年份	2013	2014	2015	2016	2017	2018	2019	2020	2021	2022
判决/件	23	33	48	76	155	119	131	163	63	36
裁定/件	467	426	633	669	1019	806	886	887	815	94

注：2015 年含决定 1 件，2016 年含调解、通知各 1 件。

就最高人民法院六个巡回法庭审理案件的地区分布来看，经济较发达地区（如广东）的施工合同纠纷数量较少，经济欠发达地区（首先是西南地区，其次是东北地区）的施工合同纠纷数量较多。以 2020 年为例，截至 2020 年 5 月，施工合同纠纷有 410904 件，其中最高人民法院审理 2674 件，高级人民法院审理 1772 件，中级人民法院审理 125319 件，基层人民法院审理 264351 件。就地区分布来看，江苏、四川、河南、山东、安徽、广东诉讼案件数量较多（均超过 20000 件），浙江、湖南、辽宁、贵州、重庆、河北、云南、湖北、北京、陕西诉讼案件数量次之，如图 1-4 所示。

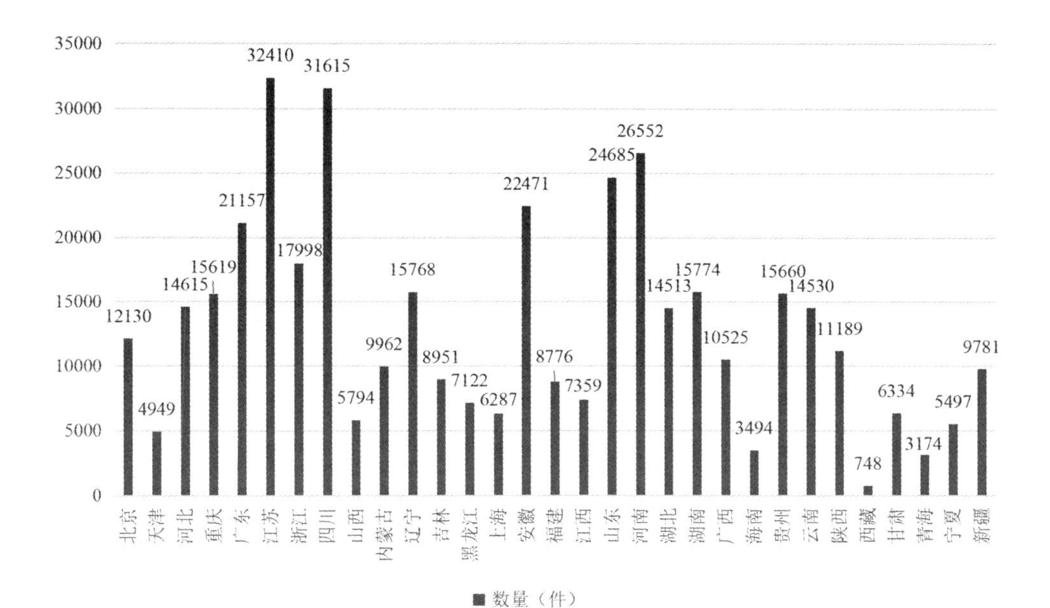

图 1-4 全国各地区诉讼案件分布

在美国，通过仲裁解决的商事纠纷是通过诉讼解决的商事纠纷的三倍①；在瑞典，高达95%的商事纠纷是通过非诉讼方式解决的②。根据朱景文的统计③，在我国，从1978年到2012年，合同案件在所有民事纠纷案件中的比例由1%增加到53%，绝对数量增加了996.1倍，年均增长率为30.2%。一方面，施工合同标的额大，履行周期长，不确定性因素较多，受物价、工期、不可抗力、地质条件、政策法规变更影响较大，导致施工合同纠纷层出不穷。另一方面，绝大多数项目在建设过程中涉及诸多分包合同，合同链较长，合同影响交错，因第三人引发的纠纷比比皆是。作为一种典型的民事法律关系，施工合同纠纷法律解决途径有四种，即和解、调解、仲裁和诉讼。纵观国内外，诉讼比例在上述四种法律解决途径中所占的比重相对较小，绝大多数纠纷都是通过非诉讼方式解决的。由此可见，施工合同纠纷事关当事人的权益，也关乎整个国民经济和社会发展的质量。

施工合同纠纷在很大程度上源自合同的不完全性。尽管施工合同是合同法律中规定的有名合同，也有相应的施工合同示范文本可供参考，但是面对未来，当事人仍不能通览未来事件；订立完全合同的成本过高，在实践中不经济。在市场经济中，当事人基于自我利益最大化原则进行交易，施工合同天然具有强烈的经济属性，而且首先表现为经济属性，在缔约自由制度指引下，交易合作的意愿、交易成本以及经济理性都左右着施工合同的效率。在实践中，基于不完全施工合同的现实考量，对其进行全面经济分析兼具经济和法律的交互性，更有利于回归施工合同的经济本源问题，更有利于探索和创新建设工程合同的立法指向。

---

① AUERBACH J S. Justice without law: Resolution disputes without lawyers [M]. Oxford University Press, USA, 1984.

② BENSON B L. Arbitration [M]. Encyclopedia of Law and Economics, 2000.

③ 朱景文. 中国近三十年来诉讼案件数量分析 [N]. 法制日报, 2012-01-18 (9).

1.2 研究现状

本书将问题聚焦于以下四个方面：一是建设工程合同的不完全性，二是建设工程合同法律的经济分析，三是不完全建设工程合同的激励研究，四是在PPP合同中的应用研究。

1.2.1 完全合同与不完全合同

1. 完全合同

新古典合约理论出于理性假设，认为合同都是完全合同。斯蒂格利茨认为，完全合同是指缔约当事人都能完全预见合同期内可能发生的重要事件，愿意遵守当事人所签订的合同条款，当缔约方对合同条款产生争议时，第三方（如法院）能够强制其执行[①]。这意味着在合同订立时，合同当事人均是理性经济人，对未来合同履行过程中可能遇到的各种情形（如瑕疵履行、履行不能）都有充分的准备，并在合同条款中进行了合理对待给付风险分配。完全合同是在新古典经济学完全竞争市场条件下衍生出来的概念。

在阿罗-德布鲁模型中，一般均衡条件下，完全合同假设条件比较苛刻。第一，市场不存在垄断，完全竞争。因为垄断修改了交易的风险，削弱了当事人合作的意愿，进而减少了交易量并降低了交易效率。而且垄断条件下的非自愿交易使垄断者占据了更多的合作剩余，使合同交易总福利提高较少（甚至减少）。在非垄断市场中，当事人经济理性，具有稳定的偏好且偏好有次序，在约束条件下追求效用最大化是其目标。第二，对于合同当事人而言，信息是完全的、对称的，不涉及第三人。双方当事人均掌握了合同有关的所有信息，合同按照预期的轨道程序化履行，所有结果都

---

① 科斯，哈特，斯蒂格利茨，等．契约经济学［M］．李风圣，译．北京：经济科学出版社，1999：13.

在预料之中。第三，完全市场无摩擦，交易成本为零。第四，合同本身不存在溢出效应，即合同没有第三人的负外部性影响，也不会对第三人造成负外部性影响。

根据科斯第一定理，一旦交易成本为零，合同就是完全的，广义上的产权无论如何配置均可实现帕累托最优。根据瓦尔拉斯一般均衡交易模型，完全合同都基于交易标的数量与价格函数之中的帕累托均衡点。对当事人而言，完全合同具有自我履行的激励，当事人合作利益都可以得到改善，交易标的数量和价格均衡能够产生效率最优的结果。

如前所述，完全合同虽然有着严格的假设条件，却为不完全合同提供了实践中的示范文本。现实中，合同纠纷发生后，当事人或者司法机关可以重构完全合同来弥补不完全合同的规则缺失，以实现合同的效率与公平目标。

2. 不完全合同

现代合约理论检验了新古典合约理论有关完全合同的严格假设条件，认为其与现实条件存在诸多不一致之处。首先，人并非完全经济理性；其次，合同环境复杂，除时间之外的不确定性无法消除，信息既不完全，也不对称；最后，市场存在摩擦，交易成本大于零。在此认知基础上，现代合约理论认为合同是不完全的。

不完全合同是与现实市场环境真实拟合的。不完全合同尽管不能实现完全合同条件下的帕累托效率，可是它依然可以通过其他途径在很大程度上弥补这种可能的效率损失。在市场范围较小的熟人社会结构中，不完全合同可以通过“关系互动”提升合同经济效率，使合同法律制度的作用大幅度弱化。在匿名交易（anonymous transactions）中，不完全合同履行依靠的是“角色互动”。在缺少关系约束的环境中，当事人面临交易风险敞口，信息的流动需要共同的社会规范来约束，合同法律制度以及诚信熟化关系可以使不完全合同趋近完全合同，降低匿名交易成本，这种近似程度决定了不完全合同的效率。对于私人自治权而言，尽管诚信的主观性是一种潜在的侵犯，但在诚信自律不太可靠的市场环境中仍需要合同法律的保驾护航，所以我们可以看到，中国、德国、美国、英国、印度等国家都在合同法律中嵌入了诚信原则，这对防范机会主义行为、降低交易成本都具有经济合理性。

在大多数匿名交易中，当信息可获得但不可证实时，当事人之间存在“弱不可缔约性”；当信息既不可获得也不可证实时，当事人之间存在“强不可缔约性”。在施工合同纠纷仲裁或诉讼中，作为“局外人”的仲裁机构或法院要辨别信息真伪或证明力强弱难度较大，或者司法成本较高。虽然不完全合同可以通过再谈判得以部分修正，但是再谈判是需要成本的，而且还有可能达不成最终合意。若再谈判成本低于缔约信息搜索成本，这种不完全性是有效率的，从这个意义上来看，不完全合同的存在是有经济上的必要的。当事人就不完全合同进行再谈判时，如何修正和补充使其无限接近完全合同，以及如何处理不确定性和风险事件，是现代合约理论研究的热点和前沿。

不完全合同理论立足实践，修正了完全合同理论的理想假设，具有更强的解释力和实用性。新制度经济学派领军人物科斯认为，不完全合同基于以下两个事实：人是有限理性的；交易成本大于零[①]。格罗斯曼、哈特和穆尔等人认为交易成本源自合同的不确定性[②]。远期合同的持续性决定了不确定性存在的客观性，以及交易成本损耗。如果有些不确定性事件能够由第三者验证，那么这些条款就可以“空缺”。如果无法验证，但缔约成本和效益已知，这些条款也不用载入合同。

综上所述，在阿罗-德布鲁范式假设约束下，完全合同存在帕累托最优均衡解，但其在实践中缺乏必要的说服力。现代合约理论放宽了完全合同假设，不完全合同基于有限理性和交易成本为正假设，通过正式或非正式制度安排，润滑交易，谋求现实条件下的次优解。

1.2.2 法律的经济分析

传统的法学研究有自己封闭的表述语系与论证逻辑，长久以来，法律制度是被作为经济发展的外生变量来处理的。经济分析法学派从经济学角

---

① 科斯，哈特，斯蒂格利茨，等．契约经济学［M］．李风圣，译．北京：经济科学出版社，1999：14-15.

② 科斯，哈特，斯蒂格利茨，等．契约经济学［M］．李风圣，译．北京：经济科学出版社，1999：25.

度重新审视了法律制度，将法律制度镶嵌于经济制度，并将其视为经济发展的内生变量，重新构建了法律价值结构。

1. 经济学是分析法律问题的有效工具

新古典主义经济学有着严苛的假设条件；新制度经济学则从微观入手，以个人效用最大化作为基本假设，通过交易合作均衡，达到资源配置有效的结果。科斯聚焦于产权（或制度），以交易成本作为纽带，将新古典主义经济学引向了一个新领域，让交易成本最小化，把法律完美融入经济分析，从而使法律分析成了一种理性选择学说。

就如何判断理性，经济学和法学有相同或相似的假设。依照唐纳德·维特曼（Donald Wittman）的观点[①]，当交易者动机和交易目标协同时，交易行为人就可以定义为理性的。从实质上来看，这跟斯密的理性人理解并无二致。此外，从终极目标来看，法律中的交易成本最小化与经济学财富最大化是一个等价命题。

利用经济学来研究法律问题有着很长的历史渊源。贝卡利亚、边沁、斯密、马克思和瓦格纳都将造福人类的财富增量与配置纳入法律制度的设计的考量中，其中以康芒斯为代表的制度经济学派将其发展到一个阶段性顶峰。西蒙斯将用于法律制度的经济分析形成一套完整的方法论，科斯、卡拉布雷西和阿尔奇安等人在融合了新古典价格理论、福利经济学和公共选择理论的基础上，将法律的经济分析形成固定的理论研究范式。在《法律的经济分析》中，波斯纳彻底将经济分析应用于普通法（财产、契约、家庭、侵权、刑事等）、市场公共管制法、企业组织法和收入分配法等实体法以及程序法，开创了用经济学来解释法律现象的实证先河。正是基于这样的研究，探讨法律规则的内在经济合理性便有了规范价值。

微观经济学中的价格理论工具可以用于对各种法律制度的实施效果进行预测，具有准确的立法指导性。在不同的法律制度安排下，社会会产生不同的经济效率，所以制度安排是否内含激励决定了经济发展质量。总之，波斯纳的经济分析法学建立在理性最大化的基础上，利用需求规律、消费

---

① WITTMAN D. Economic foundations of law and organization [M]. Cambridge University Press，2006：9.

者效用最大化和自愿的市场交换总会使资源得到最有效率的使用三种分析方法，对立法、司法进行全面剖析，以实现经济社会有效率的均衡。法律制度作为经济发展的内生变量，应当包含经济逻辑。法律要激励自由交易行为，当私法自治不经济时，法律制度安排的效率就会体现。理性最大化是波斯纳经济分析法的核心假设，基本方法有三个：第一，法律规则应恪守需求规律；第二，法律规则应有助于实现当事人效用最大化；第三，法律规则应最大化尊重当事人意思自治，因为自愿的市场交换总会使资源得到最有效率的使用。

2. 法律价值结构的二重性

传统法理将法的价值定义为自由、秩序、公平和效率。人们对法的自由和秩序的观点较为统一，但是对公平和效率的观点未能达成一致。很大一部分学者坚持把公平作为首选价值目标，忽视了实体法和程序法的效率价值，即使讨论效率也大都基于公平视角。经济分析法学恰恰将效率视为与公平同等重要的价值目标。从语义上来看，公平与效率并非相反关系；从结果上来看，它们之间还存在着较强的正向关系。从经济学角度来看，效率具有生产性；从法律上来看，公平是利益的重新配置。效率侧重过程的经济性，公平侧重结果的正义性。效率与公平的矛盾点在于最终输出结果的不一致性。有时过程是有效率的，但结果可能是不公平的，或者过程是公平的，但结果可能是无效率的。法律制度根植实践理性，其价值目标就是要实现过程的效率和结果的公平。

经济分析法学既是经济学在法学领域的扩展，也是法学在经济学领域的探索，它为人类交易行为研究搭建了一座廊桥，拓宽了经济学和法学研究的视域，而且一路拾遗颇丰。尽管效率并不等价于公平，但是一个缺乏效率的社会无论如何都是不公平的[①]。如何实现二者的协同，并不是效率与公平相互妥协的问题。德国经济分析法学学者圣基里科、开普卢和韦伯乐等人认为，市场效率带来的宏观社会福利总量的增加并不必然引起微观个体福利配置的公平，但再分配是实现结果公平的必要条件。就目前而言，

---

① 汉斯-贝恩德·舍费尔，克劳斯·奥特．民法的经济分析［M］．江清云，杜涛，译．北京：法律出版社，2009：6-7.

生产上的效率和分配上的公平运行机制不同，分别受市场和制度约束，因此无法期望单一市场或单一制度安排下实现效率和公平协同的目标。倘若能将法律制度纳入市场内生经济变量，将法律权利视为市场资源配置的客体，那么这个问题就可以在法的经济分析框架下求解。

在公平与效率协同视角下，又有两种不同的分析路径。第一种是起点公平的效率观。传统自由主义分为古典自由主义和新古典自由主义。以斯密、萨伊等为代表的古典自由主义坚持起点公平、效率优先的价值观。在引入边际分析后，以马歇尔为代表的新古典学派坚持规则公平、效率优先的价值观，与古典自由主义不同的是，它认为市场均衡（包括消费者均衡和生产者均衡）是有效率的，均衡规则也是一种有效率的制度安排。以哈耶克、弗里德曼等人为代表的新自由主义反对凯恩斯主义的国家干预政策，坚持机会平等、效率优先。不论是货币主义学派、供给学派还是理性预期学派都强调市场的主导作用。要实现市场的均衡首先需要规则公平，这也是效率优先的起点制度安排，所以在推崇效率的同时，新自由主义重视规则公平和机会平等。第二种是结果公平的效率观。在经济危机背景下，凯恩斯学派认为经济的低效率是收入分配不均的结果，换言之就是分配结果不公平。它沿袭了新古典经济学的分析逻辑，主张国家干预经济，倡导收入均等化的公平效率观。同样是把经济产出的低效率归咎于收入分配不均，但制度经济学探究了更深层次的问题，提出了不同的主张。制度经济学从人的自利本能和社会心理角度深度剖析了人类行为规律背后的原始动因，提出了有效率才有公平的观点。理由是，提高效率可做大可分配财富总量，在此基础上才有可能达到共同进步下的结果公平。所以，它坚持的是效率优先、兼顾公平的结果公平。

不论是起点公平的效率观还是结果公平的效率观，其共同点都是关注效率，只是公平认知不同决定了效率实践路径不同。经济分析法学认为交易激励、效益最大化以及合作剩余分配，是实现社会资源最优配置和公平的有效手段。在法的价值序列中，从自由、公平、秩序到效率是经济分析法学在法学领域的重大贡献和认知飞跃，是符合规律的规则发明。效率是生产意义上的公平，效率同样可以通过再分配保障结果的公平。法律带有一定的前瞻性，可以而且应当包含符合规律的激励机制，鼓励当事人事前采取最优行为，规避机会主义行为。当事前效率与事后分配出现暂时性差异时，应当先选择事前标准，这也是经济分析法学效率观与传统法学分配正义的差异。在理论上，斯蒂格勒、贝克尔、布坎南、科斯、诺斯等已经为法的经济分析理论创新做出了举世公认的贡献。在实践中，其分析方法已经广泛被发达国家认可并推广使用，成为法律政策制定的有效分析工具。在 1981 年，美国里根总统还将波斯纳等经济分析法学家任命为联邦上诉法院法官，并发布 12291 号总统令，要求政府新出台法规均要进行成本收益分析，经得起经济上的推敲。

1.3　研究目的和方法

1.3.1　研究目的

建筑业在整个国民经济中的地位举足轻重，建筑市场的良性发展关系到整个国民经济的运行效率。市场经济的基本单位是交易。作为交易的凭证，建设工程施工合同是保障施工合同履行的制度安排，基于合同以及合同法律制度的不同的资源配置组合会产生不同的经济效果，导向不同的配置效率，这不仅事关发包人与承包人的个体福利，而且关系着整个社会福利目标的实现。

本书以建设工程施工合同为研究对象，针对施工合同全过程大量出现的纠纷，试图利用经济分析法学工具，探析有效解决方案，为当事人订立合同提供条款借鉴，为完善我国建设工程合同法律制度提供建议。建设工程合同是我国合同法律中的有名合同之一，除具备一般承揽合同的特征外，建设工程合同构成要素以及管理都体现出较强的行政约束。这种刚性制度安排与缔约自由的磨合中，因规则错乱、失效引发的合同纠纷层出不穷。究其原因，一是市场制度安排供给不足，特别是正式制度安排与完全竞争市场不相匹配；二是施工合同主体竞争性不足，对行政资源存在较强的路径依赖，对市场自由度和当事人意思自治破坏性较大。私权闲置、准公权滥用均会造成交易效率的漏损。

民法以法律形式充分展现了社会经济生活，对于施工合同而言经济性更强。本书定位为经济学和法学的交集——人和组织的行为，尤其是交易行为。本书首先聚焦建筑市场行政规制是否是弥补市场失灵的必要条件、相关法律法规是否体现了最小限度干预原则，其次聚焦现有法律制度安排是否符合经济规律，最后聚焦法律权利的配置是否有利于实现结果公平、私权利能否实现均衡。本书在经济分析法学的基础上，构造防范承包商道德风险的激励路径，并在项目融资背景下探索 PPP 合同基于不完全性的再谈判机制。

1.3.2 研究方法

经济分析法学被称为第四大法学，其既有严谨的理论建树，也有完整的方法论支持。本书以经济分析法学为分析框架，还原了不完全施工合同的经济属性，将法律制度作为交易活动的内生变量，通过法益经济分析，探究实现市场可持续化、效率最优化和财富最大化目标的路径。

(1) 文献研究法和案例分析法。在不完全合同理论和合同状态理论的基础上，通过法律来重现和复制市场，改变信息博弈条件，促成当事人合作，促进各方福利增加，破解市场失灵的困境，最终达到社会福利总量增加的目的。

(2) 问卷调查法和访谈法。对可能影响不完全施工合同定价的因素进行梳理，并利用结构方程模型对其影响机理进行实证分析，界定合同定价的关键要素，为合同法律制度设计提供支持。

(3) 定量分析法。利用结构方程模型分析影响施工合同风险分配与对待给付的关键因素，利用非线性规划方法求解发包人与承包人成本-收益函数最优方程解，利用算例模拟计算，通过对正式契约与关系契约模型中的变量赋值，探究变量之间的相互影响作用，验证模型的适用性与可行性。

第 2 章

经济分析法学的合同观

经济分析法学（Economics Analysis of Law），又称“法律经济学（Law and Economics）”，肇始于20世纪60年代。它在西方国家兴起并不断发展寓示着法学和经济学两个不同学科之间的学术壁垒被打破，它是法学和经济学交叉的产物，目前国内学界将其定义为“应用经济学的理论和方法来研究法律制度的形成、结构、演化和影响”[①]。作为一种崭新的视角，经济分析法学为社会实践中的具体问题提供了解决方案。

现代契约理论以科斯为代表人物，诸多经济学家参与其中，确立了契约经济学的理论框架。根据 Werin 和 Wijkander（1999）的观点，对契约理论的研究可以分为四大流派：① 新古典经济学研究传统的一般均衡框架作为基础；② 产权-交易成本学派认为交易成本通常情况下由信息成本占主导地位，是经济中存在契约安排和一般组织结构的主要决定因素；③ 在分析方法的研究层面，以实现激励兼容为目的研究契约结构的非对称信息含义及信息需要支付的代价；④ 法律经济学流派涉及契约义务的性质与经济学分析中新出现的契约形式协同的法律进展，即存在一定的可能性采用经济学理论阐释法律原则及法律实践，注重“效率”并着重强调揭示法律背后的经济学逻辑。经济分析法学的合同观：通过自愿交易促进社会财富价值提升，利用合同的自由缔结增加社会福利。

本书基于文献综述视角，对合同交易理论、合同的交易成本理论、有效违约理论、不完全契约理论、关系契约理论进行分析，揭示各理论在发展过程中遇到的阻碍以及弊端，同时总结当代经济分析法学合同观研究带来的启示。

2.1 概念界定

2.1.1 制度安排

新制度经济学将制度分为宪法秩序、制度安排和规范性行为准则，

---

① 汤自军．法经济学基础理论研究［M］．成都：西南交通大学出版社，2017：1-2.

本书侧重介绍制度安排（institutional arrangements）。制度是指与建设工程施工合同相关的各种法律制度，是当事人追求福利或效用最大化的约束条件，也是经济规律内化为法律规则的内容体现。这种制度安排的经济功能在于最大限度降低当事人之间的交易成本，有效率地配置合同风险。

2.1.2　交易成本

交易成本（transaction cost）是法经济分析中的核心关键词。康芒斯并没有明确提出交易成本的概念，而是有倾向地提出“一种以交易为基本分析单位，研究经济组织的比较制度理论”[①]。科斯提出了交易成本思想，认为市场价格机制是有成本的，包括信息搜索成本、谈判成本、签约成本，因此企业通过内部化可以消解部分外部市场成本。后来，威廉姆森就交易成本给出了明确的定义，即“经济系统运转所需要付出的代价或者费用”[②]，并把交易成本分为合同签订前的成本和合同签订后的成本。前者是指草拟合同、就合同内容进行谈判以及确保合同得以履行的成本，后者是指不适应成本、讨价还价成本、建立和运转成本以及保证成本。至于交易成本的来源，格罗斯曼、哈特和穆尔等人认为，交易成本产生的根源在于交易的不确定性[③]。法律制度的作用就是消除或降低这种交易的不确定性，通过降低交易成本提高交易效率。本书将交易成本定义为交易当事人可能用于寻找交易对象、签约及履约等方面的一种资源支出，包括金钱的、时间的和精力的支出，主要包括搜寻成本（搜寻交易当事人信息的成本），谈判成本（签订交易合同的成本）及履约成本（监督合同的履行的成本）三个方面。交易成本将法律与经济结合到统一研究视野中，交易成本方法提供了分析法律对经济影响的衡量方法。有了交易成本，法律权利的初始界定才有意义。

---

① 康芒斯．制度经济学［M］．北京：商务印书馆，1994：15.

② 威廉姆森．资本主义经济制度［M］．北京：商务印书馆，1994：24.

③ 科斯，哈特，斯蒂格利茨，等．契约经济学［M］．李风圣，译．北京：经济科学出版社，1999：24.

2.1.3 不完全合同

在现实中，不完全合同理论修正了完全合同理论假设的天然不足。人是有限理性的，合同当事人之间信息不对称、不完全，只要交易成本大于零，合同就是不完全的。合同的不完全性表现在三个方面：首先，当事人是有限理性的，不能预见所有不确定性；其次，信息不对称，合同目标状态可能存在错位；最后，订立完全合同的信息搜寻成本大于补充某条款的收益，因此缺省更经济。

科斯等人认为，有限理性和正值交易成本是导致合同不完全的原因。尽管缔结不完全合同具有现实考量，但也并不意味着合同越不完全越好。合同的不完全程度取决于交易成本与因合同不完全造成的损失的比较。如图 2-1 所示，交易成本为零时，合同是完全的，只要交易成本大于零，合同就是不完全的。交易成本越高，合同不完全程度也就越高。不完全合同的存在有其经济合理性。

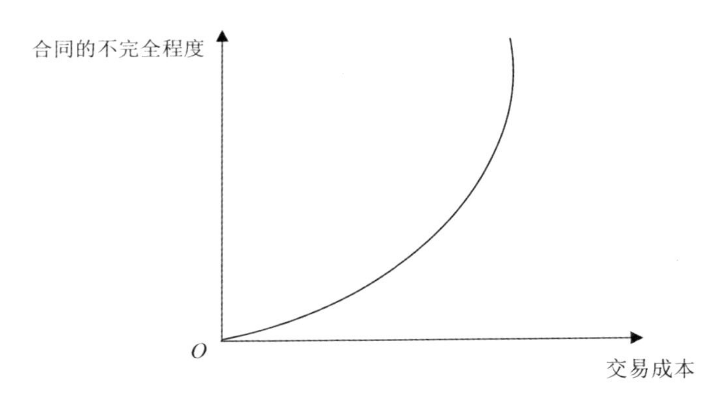

图 2-1 交易成本与合同的不完全程度

促进不完全合同履行的是市场机制和法律机制，以及当事人之间的自愿合作机制。交易成本大于零本身就是完全合同的效率损耗，完全合同的利益最优化目标无法实现，但不完全合同研究的主要目的就在于如何使交易成本最小化。对于第三人可以验证的不确定事件，合同条款可以空缺；对于第三人不可验证的不确定事件，若当事人的成本和收益是已知的，合同条款可以缺省，反之则需完备。

2.1.4　激励

激励是指组织管理者通过制订一系列的规定与奖励、惩罚措施，规范、约束组织成员的行为举止，旨在使被激励者可以精准、有效率地完成组织活动目标。激励措施包括正向激励与负向激励。激励可以不断强化组织成员的技术水平，提高组织成员的努力程度，使项目组织业绩最优。有关激励机制的研究主要聚焦两个视角：一是经济学完全理性视角，二是管理学行为主义视角。

经济学范畴研究的激励理论与委托代理理论有着较为紧密的关系。关于委托代理理论的研究主要包括三个部分。第一，委托方对代理方实施监督。委托方全方位监督代理方行为，在一定程度上可以对代理方行为进行纠偏，但无法完全抑制代理方的机会主义倾向；委托方需要支付较高的监督成本。第二，委托方将剩余索取权给予代理方控制，虽然能够缓解代理方的机会主义行为，但委托方无法达到期望的收益水平。第三，通过设计激励契约，委托方与代理方建立契约关系，共享收益；代理方的收益与其付出的努力和产出相关。这种激励方式能在双方信息分布非对称的情形下，有效激励代理方完成目标任务，同时会为发包人带来更多的效益。在管理学研究范畴中，激励理论主要包含内容型、过程型、行为后果型与综合型四种激励理论。管理学范畴的激励理论是基于提供激励一方的角度，结合实践经验研究如何有效激发组织中的成员实施积极主动的规范性行为。

2.2　合同交易理论

罗伯特·D. 考特、托马斯·S. 尤伦[①]、史晋川[②]等学者认为合同法律面临的问题包括“什么样的问题该履行?”以及“违背可履行承诺应给予什

---

① 罗伯特·D. 考特，托马斯·S. 尤伦．法和经济学［M］. 施少华，姜建强，等译．上海：上海财经大学出版社，2002：154.

② 史晋川．法经济学［M］．北京：北京大学出版社，2007：128-129.

么补偿?”两个问题，实质上涉及合同效力的问题解决和违约责任的判定。19 世纪末 20 世纪初，英美法庭和法律辩论员总结合同交易理论，认为交易产生的承诺应当履行。

交易理论在回答“什么承诺在法律上是可强制履行的?”的时候，明确判断标准为承诺的类型是否为交易，即作为交易的一部分订立的承诺在法律上被认定为可强制履行，反之则不可。交易理论被认为包含三个要素：报价、接受和对价。其中，对价原则在交易理论中十分重要。对价原则始于十五六世纪，但是在古典合同法律理论和制度诞生之前，对价原则呈现非单一化特征，在理论上并没有获得一致性认同。吉尔默①认为虽然对价的说法已经存在很长时间，但事实上在 19 世纪以前，对价这个词从没被赋予任何特定的意义以及代表过任何理论。早期对价原则是指允诺得以执行的理由，还没有形成统一且技术化的对价原则和理论。布莱克斯通②总结违约诉讼中的对价现象认为，“历来的民法学者都指出，在所有的契约当中，不论它们是明示的还是默示的，都必须有一个作为交换的东西，或称为对等或互惠的东西。这就是作为（缔结）契约的代价或动机的东西，我们称为对价：它必须是合法的，否则，契约就归于无效”。19 世纪末，霍姆斯③首先提出对价的本质是对价与允诺之间是一种互惠的、约定的、互为彼此的诱因关系。美国的合同理论和制度受到上述学说的影响，两次合同法重述均采取对价的交易理论，第二次合同法重述明确对价是“诺言人为获得它而做出许诺，受诺人为获得该许诺而提供它”④。总体来说，有对价担保的承诺变成可以被强制履行的。

交易理论可以回答合同理论有关违约责任判定的问题，根据交易理论，只要履行承诺，受约人可以获得利益。那么，承诺作为交易的一部分应该被强制履行，对违背可强制履行的承诺的补偿就是判给交易的预期值。合同的交易理论认为：合同的不完全性在于世界和未来的复杂性和不确定性

---

① GILMORE G. The death of contract [M]. Ohio State University Press, 1974: 18.

② 史晋川. 法经济学 [M]. 北京：北京大学出版社，2007：128-129.

③ HOLMES O W. The common law, edited by Mark DeWolfe Howe [M]. Little, Brpwn, 1963: 293-294.

④ 王军. 美国合同法 [M]. 北京：对外经济贸易大学出版社，2004：18.

与交易人的有限理性和机会主义矛盾。张运华、胡冰川[①]认为当事人为将要发生的各类情形做出相应计划是十分困难的（即使缔约合同各方都能一致地感觉到这些不确定性），而且，即使能对将来各种不确定性做出一个完备的计划，执行过程也是有一定难度的。

根据交易理论，不论对价和承诺的价值是否相等，法庭只会允许由对价诱导的承诺。交易理论认为法庭在判决方面确认交易发生情况的重要性远比评判交易的公平性要大。对价原则使法庭做出强制履行非公平性的承诺的判决。在合同法的发展历史上，合同的交易理论有着不可替代的理论贡献，为合同法今后的理论研究提供了思路。然而，该理论并未实现真实的平等，只是局限于形式上的平等。合同法旨在使人与人相互协作并能够达到彼此的目的。一味实行合同的交易理论，也许会导致立约人与受约人渴望承诺被法律强制执行，然而承诺会由于没有对价的支撑且并非源于交易而被拒绝强制执行。

2.3 合同的交易成本理论

交易成本是指在一定的社会关系中，经济主体之间基于自愿的原则，彼此之间建立合作交易关系时支付的成本。17世纪，哲学家托马斯·霍布斯[②]提出人与人之间存在分歧，可能会导致合作失败，应该构造一种权力安排，使这种合作的失败损失最小化。然而霍布斯只提出了“合作的失败损失最小化”的目标，并无明确实现目标的权利安排。波斯纳[③]认为“如果市场存在交易成本，那么权利应赋予那些权利净值评价最高并且最珍视它们的人；事故责任应该归咎于能以最低成本避免事故而没有这样做的当事人”。根据波斯纳定理，如果交易成本为正，法律能通过权利的安排避免

---

① 张运华，胡冰川．创业投资的合同交易理论分析［J］．江西农业大学学报（社会科学版），2003（4）：5-7.

② 陈国富．法经济学［M］．北京：经济科学出版社，2005：25.

③ 波斯纳．法律的经济分析［M］．蒋兆康，译．北京：中国大百科全书出版社，1997.

交易成本的发生，从而实现效率的目标，并且在很多情况下，法律对于效率的影响可以通过减少交易成本实现。

1937 年，科斯在《企业的性质》中提出交易成本是“通过价格机制组织生产的，最明显的成本，就是所有发现相对价格的成本”以及“市场上发生的每一笔交易的谈判和签约的费用”的概念。从交易成本对资源配置效率的影响的角度看，科斯定理可以解释为[①]：只要交易成本为零，产权的初始界定就对资源配置没有影响。这些概念被研究制度的经济学家关注，成为威廉姆森、克莱因、哈特共同的学术思想源泉。威廉姆森曾说过[②]：“科斯教导我交易费用是经济组织研究的核心，而且应当以比较制度方法进行研究。”在科斯的研究的基础上，威廉姆森将交易作为基准单位进行分析，用资产专用性、不确定性等来描述交易，通过交易成本总结各类合同中的治理结构，构建了交易费用经济学，极大程度地推动了新制度经济学派的发展。钱弘道[③]指出科斯定理的实质在于在交易成本为零的情况下，法定权利的界定不会对经济制度运行的效率产生影响，社会资源的配置总会有效率，社会财富总会增值。也就是说，当交易成本小到可以忽略不计的程度，国家只需通过强制执行个人间谈定的资源分配方案来确保交易过程的完整性。

合同法关注那些能以相对低的交易成本达成协议的当事人之间的相互关系，它的经济意义在于节省交易成本。根据权威的定义，一般合同的交易成本包括事前发生的为达成一项合同而发生的成本和事后发生的监督、贯彻该项合同而发生的成本；交易成本与生产成本不同，是执行合同而发生的成本[④]。罗伯特·D. 考特、托马斯·S. 尤伦认为交易成本由三个部分组成，即搜寻成本、讨价还价成本和执行成本。冯玉军[⑤]构建交易成本理论的一般解释框架，按交易成本理论来分析人类社会发展，认为法律必然

---

① 胡代光，高鸿业．西方经济学大辞典［M］．北京：经济科学出版社，2000：119.

② BLAUG M. Who’s who in economics：A biographical dictionary of major economists 1700-1986［M］. 2nd ed. The MIT Press，1986：989- 990.

③ 钱弘道．经济分析法学的几个基本概念阐释［J］．同济大学学报（社会科学版），2005（2）：91- 102.

④ MATTHEWS. The economics of institutions and the sources of growth［J］. The Economic Journal，1986，96（384）：903-918.

⑤ 冯玉军．合同法的交易成本分析［J］．中国人民大学学报，2001（5）：100-105.

能代替习惯且人类历史上的一些重要制度创新（如国家制度、合同制度、政党制度、行会制度、公司制度等）都蕴含着交易成本的原理，从缔约成本、履行成本、救济成本三个方面深化对法律成本规律的认识。刘廷华[①]认为合同法可以通过强制履行承诺等方式保证交易顺利进行，利用默示条款填补合同缺口并降低交易成本，减少交易利益的耗散，从而促进交易活动。

2.4　有效违约理论

Bernheim[②]，Goetz[③]等法经济学家集中讨论了签约双方当事人不可实行事后再谈判时是否有某个违约救济的方式可以让双方的履约-违约决策同帕累托效率一致。霍姆斯[④]认为道德和法律在合同法中的混淆情况严重，他强调应该将法律和道德区分开，强烈地批判了传统合同法中有关违约在法律和道德上的可归责性和应受难性是违约方应当承担赔偿责任的根据的观点，并提出了备受争议的合同选择自由理论，即当事人有订约的自由，也有违约的自由。霍姆斯[⑤]指出，在普通法中，签订合同不意味着强制当事人承担责任，而是意味着履约或者违约并进行损害赔偿。在合同履行期限截止前，当事人有选择违约的自由。波斯纳[⑥]得出两个有关效率违约的结论。在第一个结论中，波斯纳认为对以合理成本无法履约的非故意违约和从经济学角度看是有效率的故意违约要求履行都是不经济的，这是由于

---

① 刘廷华．合同法的经济分析［J］．长江师范学院学报，2010，26（2）：74-78.

② BERNHEIM B D，WHINSTON M D. Incomplete contracts and strategic ambiguity［J］．American Economic Review，1988（4）：902-932.

③ GOETZ C J，SCOTT R E. Liquidated damages，penalties，and the just compensation principle：Some notes in an enforcement model of efficient breach［J］．Columbia Law Review，1977，77（4）：554-594.

④ 霍姆斯，许章润．法律之道［J］. 环球法律评论，2001（3）：322-332.

⑤ 霍姆斯．普通法［M］．冉昊，姚中秋，译．北京：中国政法大学出版社，2006.

⑥ 波斯纳．法律的经济分析［M］. 蒋兆康，译．北京：中国大百科全书出版社，1997：150.

赔偿处于合同法的中心地位。霍姆斯关于双方有权在履约或者违约进行损害赔偿之间抉择的观点包含了重要的经济学见解。1977 年，查尔斯·格茨和罗伯特· 斯科特[①]定义了效率违约（efficient breach）。1996 年，Shavell 根据经济学家的分析，得出如果不存在事后再谈判，期望损害赔偿可以导致帕累托最优的履约-违约决策，信任损害赔偿会导致过度违约，实际履行赔偿会导致过度履约。1988 年，考特和尤伦[②]认为效率违约包含意外收获型效率违约以及意外损失型效率违约，同时他们认为履约成本大于双方当事人所获收益时，违约比履约更加有效，而且是应当被鼓励的。2004 年，波斯纳[③]指出合同法并非通过惩罚违约促进合作，它提供一种承诺机制，使当事人可以降低因违约的行为而遭受的损失。

综上可见，波斯纳的效率违约理论以霍姆斯的道德与法律分理论和合同选择自由理论为基础建立，并且在减少交易成本以及提升资源优化配置的目标方面与科斯定理基本一致。波斯纳假设“人是其自利的理性最大化者”，认为效率违约是一种引导资源流向更有效率的利用的制度安排，将会增加社会财富，这也是效率违约理论所追求的。这既是对霍姆斯主义的发展，也是对科斯定理在合同领域应用的推进，使效率违约在理论与实践上获得了统一[④]。但有效违约理论可能会带来对法律的伤害，法律救济的目的是维护当事人的权力，而非将权利取而代之，并且法律救济是一种非自愿性的补救措施。霍姆斯将救济理解为过错人可以单方行使的自由选择。这相当于每个人可以挑战法律的底线、侵犯他人的合法权利，只要是过错人自愿性地承担后果，然而这与法律维护公平正义的本质相悖。

---

① GOETZ C J，ROBERT E S. Liquidated damages，penalties and just compensation principle：Some notes on an enforcement model and a theory of efficient breach [J]. Columbia Law Review，1977，77（4）：557.

② 罗伯特·考特，托马斯·尤伦 . 法和经济学 [M]. 张军，等译 . 上海：上海人民出版社，1996：398-400.

③ 波斯纳 . 法律与社会规范 [M]. 沈明，译 . 北京：中国政法大学出版社，2004：230-231.

④ 唐清利 . 效率违约原论 [D]. 成都：西南财经大学，2006：29.

2.5 不完全契约理论

契约是双方或者多方当事人之间的协议、承诺的集合，承诺在签约时成立，在契约到期日兑现。古典契约理论包括以下特点：第一，契约是在不受外力干预下，基于当事人意愿自主选择的结果；第二，契约是个别的，不具有连续性；第三，契约具有即时性。1982年，阿蒂亚[①]认为“契约法的全部结构，连同它的先入之见和19世纪的学说还不是十分严格和稳固，以致不能期望它能对现在经济、社会各方面的压力做出应变”。新古典契约理论属于长期的契约关系，其特点如下：第一，契约的抽象性；第二，契约的完全性；第三，契约的不确定性。这种长期的契约无法脱离完全竞争市场假设，当事人的信息必须是对称的，否则会存在契约无法达成的风险。

契约理论主要包含两个问题：不对称信息下的收入转移和不同风险态度的当事人之间的风险分担。Hart和Holmstrom[②]的契约理论逐渐发展为更加形式化的委托-代理理论。委托-代理理论可以称为“完全契约理论”(complete contracting theory)。完全契约是指在承诺的集合里完全包括双方在未来预期的事件发生时所有的权利和义务。

不完全契约理论的主要目标是通过产权安排解决“敲竹杠”问题。Coase[③]指出：“由于预测方面的困难，有关物品或劳务供给的契约期限越长，实现的可能性就越小，因此买方也就越不愿意明确规定对方该干什么。”Hart和Moore[④]正式开创了不完全契约理论。Holmstrom和

---

① 阿蒂亚．合同法概论［M］．程正康，周忠海，刘振民，译．北京：法律出版社，1982.

② HART O，HOLMSTROM B. The theory of contracts in advanced in economic theory edited by T. Bewley［M］. Cambridge University Press，1987：71-155.

③ COASE R H. The nature of the firm［J］. Econometica，1937，4（11）：386-405.

④ HART O，MOORE J. Property rights and nature of the firm［J］. Journal of Political Economy，1990，98（6）：1119-1158.

Milgrom[①]、Che 和 Hausch[②]、Maskin 和 Tirole[③] 通过某类具体模型以及对不完全信息的描述，指出不完全契约的特征和性质。Williamson 和 Hart 等经济学家在 Coase 的基础上，发现因为存在有限理性或交易费用，实际上的契约并非完全的。Hart 认为导致契约不完全的因素有三个：在不可预测的世界里，人们无法预知将来会发生怎样的事件；即使人们能够预测或然事件，但很难找到一种语言在契约里加以清晰地描述；双方能将自己的意思在契约里写明白，在契约出现纠纷的时候，外部权威（如法院）即使能够观察到双方的状况，也很难对双方的实际状况加以证实，从而强制执行。Tirole[④] 将契约不完全的原因概括为三类成本：预见成本、缔约成本、证实成本。在不完全契约中，缔约双方不能规定各种或然状态下的权责，而主张在自然状态实现后通过再谈判来解决，因此重心就在于对事前的权利进行机制设计或制度安排[⑤]。不过，经济学的合同不完全性有时跟法律上的合同不完全性不同。Eggleston、Posner 和 Zeckhauser[⑥] 通过分析理论研究和司法实践中"不完全"的概念，加以区分。在理论研究中，"不完全"是指合同中没有规定足够的或然情况，导致行为是无效率的。在司法实践中，"不完全"是指合同未能清楚完整地规定合同双方的义务。

综上所述，由于人的有限理性，缔约双方签订合同时不可能预见未来的各种或然情况，因此合同必然是不完全的。缔约各方都有机会主义倾向，可能会采取各种策略来谋取自己的利益，因此缔约后可能会出现双方拒绝合作的无效率的情况。

---

① HOLMSTROM B，MILGROM P. Multi-Task Principle-Agent analysis：Incentive contracts，asset ownership and job design [J]. Journal of Law，Economics and Organization，1991，7：24-52.

② CHE Y，HAUSCH D. Cooperative investments and the value of contracting [J]. American Economic Review，1999，89：125-146.

③ MASKIN E，TIROLE J. Unforeseen contingencies and incomplete contracts [J]. Review of Economic Studies，1999，66（1）：83-114.

④ TIROLE J. Incomplete contracts：Where do we stand? [J]. Econometrica，1999，67（4）：741-781.

⑤ 胡蓉. 最优违约救济：和经济学的视角 [M]. 大连：东北财经大学出版社，2008.

⑥ EGGLESTON K. POSNER E A. ZECKHAUSER R. Simplicity and complexity in contracts [J]. Working Paper，2000.

2.6　关系契约理论

2.6.1　关系契约

关系契约理论认为，在特定的社会环境中，交易各方能够以一种非正式、灵活的履约机制合作，交易过程中的“社会关系嵌入性”能够对各方的合作行为起到重要的衔接作用。关系契约与传统契约理论的不同之处在于：关系契约不以签订契约的完备性作为主要目的，而是通过一种灵活的适应性方式实现合作；关系契约侧重缔约各方的声誉、长期合作价值、信任、沟通等关系性规则。

Macneil（1978）最早提出关系契约理论。他将契约分为个别契约和关系契约两类形态，认为多数的契约行为是交易主体间连续的沟通过程。关系契约之所以被发现和认同，是因为契约的关系性，这种“关系”存在的缘由，Macneil解析为以下十二个方面：① 交易物品难以被测量；② 契约要长时间存在；③ 个人关系嵌入；④ 无确切的交易时间，包括开始时间和结束时间；⑤ 事前能够界定关系结构，在合约履行的过程中能持续调整计划；⑥ 交易过程中的合作非常重要；⑦ 交易的成本与收益需要交易各方共同分担，但存在一定难度；⑧ 未明文规定的条款隐含在契约之中；⑨ 契约具有一定的专属性，难以转让；⑩ 存在多方交易主体；⑪ 交易主体希望产生对他人有利的行为；⑫ 参与者认识到必须通过协调才能扫除履约障碍。关系契约理论创始人之一的Williamson的理论解释了由于交易属性、交易频率的不同，关系契约需要富有多样性的契约关系结构。他认为资产专用性加大交易成本以及交易者的事后机会主义的行为风险，可以通过双边治理和统一治理结构方式实现。孙良国（2006）认为关系契约理论是以社会人主体假设、采取实质主义的方法论、关系作为核心范畴和价值多元作为价值追求。

2.6.2 关系契约的执行

关于关系契约的执行，孙元欣、于茂荐（2010）根据关系契约的基本特征指出合同漏洞无法通过法律进行弥补，总结了三种关系契约的执行保障方式，包括未来合作价值（value of future）、关系性规则（relational norms）和声誉（reputation）。

（1）未来合作价值。关系契约是一种非正式契约。交易各方是否履约主要通过对比终止契约关系和继续履约的收益决定。如果违约的收益总是小于履约的长期收益，签约方选择诚信的收益比选择不诚信的收益高，此时会更倾向于选择诚信。因此，未来合作价值为履约提供了动力。

（2）关系性规则。关系性规则是签约方形成的一种非正式制度关系，它的主要构成有社会过程以及社会规则，包含信任、团结、柔性、交流等多种要素，旨在使交易各方能够保持合作关系。关系性规则与正式制度安排共同保证了契约的顺利执行。

（3）声誉。由于交易双方信息存在不对称性，声誉是评估是否订立契约的一个重要的参照标准。如果交易对象忽略未来合作限值，采取机会主义行为，违背契约原则，另一方可以将违约对象的行为公开；一旦被贴上不良声誉的标签，违约对象的信誉在短时间内很难恢复。

2.6.3 关系契约的自我履约机制

关于关系契约的自我履约机制，Tesler（1980）通过构建理论模型得出面对囚徒困境时的解决方案，指出当停止的当前收益小于未来合作持续收益的预期现值时，一份自我执行的协议是可以被选择的。Levin（2003）对广义的最优关系契约设置进行分析，并解释自我履约限制激励规定的范围及特征的最优激励方案的方式。科斯、哈特、斯蒂格利茨（2003）认为契约条款作为最优界定契约关系自我履约范围的制度设定是非常重要的。Ricard Gil（2017）认为不违约的条件是长期履约的收益大于违背契约的收益。李涛（2014）认为关系契约可以让发包人与监理保持长期稳定的合作关系，引导双方的自我履约行为。自我履约在特定情境下的适用效果更显著：要在较稳定环境中进行市场交易，交易各方需要对彼此的交易特点十分了解并能够持续合作；专用性程度较低能保证一方违约时，守约方能随时终止契约。埃里克·弗鲁博顿、鲁道夫·芮切特（2011）认为自我履约模型中，政府等第三方无法观察是否存在违约行为。郑宪强（2007）认为不完全合同的自我履约是通过非强制手段施加于有违约动机的一方当事人。与一般的委托代理模型不同，在自我履约模型中，人们对于信誉的概念是非常重视的。综上所述，能够实现自我履约的状态如下：在长期的合作中，交易各方对彼此有一定的了解，并愿意相信对方；在所处的社会网络中，信守合约的收益是要大于交易成本的。关系契约的特征及其执行保障如图 2-2 所示。

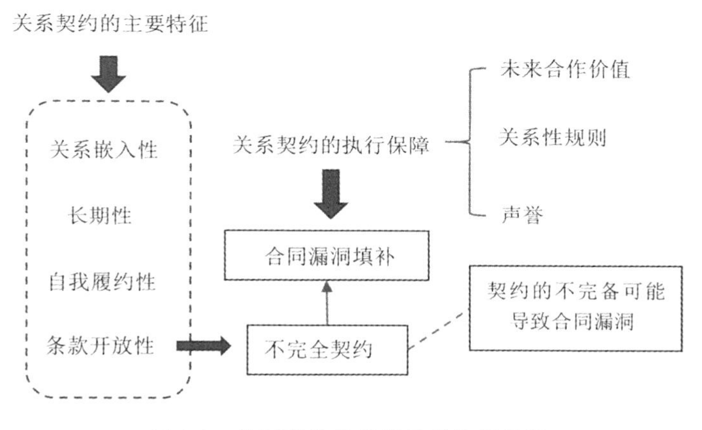

图 2-2　关系契约的特征及其执行保障

第 3 章

脆弱性、机会主义与合同责任

施工合同是发包人和承包人基于经济利益驱动的外在表现形式，内涵价值平衡的经济思维，遵从供求关系，经历从均衡—失衡—均衡的动态演变过程。

3.1 不完全合同的脆弱性

3.1.1 脆弱性

施工合同是一种远期合同，从缔约到履行完毕有一定的时间跨度和工序延续性，具有经济活动的承继性特征（sequential character of economic activity），易受不确定性和风险的冲击，表现为较强的不稳定性和脆弱性。脆弱性（vulnerability），语义上是指物体或系统容易受到伤害、攻击和被损害的自然特性。合同的脆弱性根植于施工合同的不完全性和消极性，表现为对外部环境变化的易感性（susceptibility）和抗逆性（resilience）。由于发包人和承包人信息不完全、不对称，以及交易成本的存在，施工合同存在缺项或漏洞，应对合同环境波动和压力弱，可能给合同的完全履行带来潜在损害。施工合同标的资产专用性强，缔约成本高，合同当事人相互依存度较高，情势变更、“背靠背”条款、机会主义行为和未能预料的突发事件都会给施工合同环境造成较大的震荡。脆弱性是一种静态表征损失，并非实然和必然结果，而是衡量不完全施工合同承受冲击（shock）的能力。不完全施工合同具有较强的黏性，相对方履约需求越大，寻找到替代履行的机会越困难，该当事人的脆弱性就越强，市场可持续性越弱。

3.1.2 合同状态与脆弱性评价

由于合同初始状态不一，加上每个建设项目所处时空因素不同，施工合同脆弱性也存在较大差异。根据成虎[①]的合同状态观点，合同在相对确定情形下的静态条件之和称为合同状态，它整合了合同文件、环境、实施方案、合同价款等四个相互依存的维度。郭耀煌[②]、李晓龙[③]等人认为合同状态是合同“从生到死”全过程中，某一时刻合同目标与合同基础条件包含的所有要素之和。合同目标包括成本、工期和质量，工程量、施工条件、施工方案等构成了合同基础条件。合同状态是时间的函数。随着时间的推移，合同状态动态变化，不断跃进，所以合同状态又划分出初始状态、可能状态、现实状态与目标状态。现实状态与目标状态的差异就是脆弱性暴发（部分或全部）。当然，任由脆弱性爆发会造成合同的低效率。合同脆弱性评价针对可能引起合同状态向不利方向变化的因素进行分析。需要注意的是，脆弱性评价从要约和承诺阶段开始，决定了合同的初始状态。由于合同状态是时间的函数，是历时性的，所以脆弱性评价是持续性的，上一个现实状态是下一个目标状态的初始状态。持续性脆弱性评价通过边际消减方案很大程度上瓦解了施工合同的不完全性，在不确定性逐步被“证实”或“证伪”后，施工合同的不完全性也在不断得到修补。从脆弱性发现到脆弱性验证再到脆弱性赋值，项目管理人员能够对不完全施工合同做出整体评价，并及时发现影响合同状态的敏感源。

3.1.3 合同状态的构成要素

合同状态涉及合同签订开始至合同结束全过程中，某一时刻包含的合同内外部因素的总和。对于合同状态的具体构成要素，学术界还存在不同的分类方法，其中具有代表性的观点如表3-1所示。

---

① 成虎．工程承包合同状态研究［J］．建筑经济，1995（2）：39-41.

② 郭耀煌，王亚平．工程索赔管理［M］．北京：中国铁道出版社，1999.

③ 李晓龙，高显义，林知炎．基于合同状态的工程合同索赔定量研究［J］．系统工程，2005（2）：121-123.

表 3-1 合同状态的构成要素

学者	构成要素	具体内容
成虎	合同文件	一般包括合同协议书、中标通知书、投标函及附录、特殊条款、通用条款、构成合同的其他文件（规范、图纸、工程量表等）、合同签订前后双方达成的附加协议（会议纪要、修正案、备忘录等）
	外部环境	合同是在一定社会、政治、经济、法律和自然环境中实现的，要时刻注意外部环境风险，如法律变更、物价变动、汇率变化、气候条件变化、地质条件变化、不可抗力等因素
	实施方案	承包人根据自身实力，在工程所处的外部环境中，制订科学合理的实施方案供发包人审查，按方案完成合同规定的义务
	合同价格	根据工程实际环境、实施方案和相应合同文件，综合考虑风险程度、竞争等因素形成的最终的合同价格
李晓龙等	合同目标	项目的总体目标，质量、工期、建设投资、环境指标等；项目的细化目标，各分部分项工程应达到的目标
	合同条件	工程项目建设所需的前提条件，主要分为发包人责任条件、承包人责任条件、第三方责任条件，从具体形式上看主要有自然条件、人力资源条件、经济条件、物质条件、技术条件；工程建设活动的规则主要分为维持合同正常执行的规则、合同处于非正常状态时的矫正规则
郭耀煌等	合同目标	成本、工期、资源等
	合同基础条件	适用法律、气候条件、实施方案、合同条件、经济社会环境等
杨鹏鸣等①	合同目标	工程价款、工期
	合同基本条件	工程量、施工条件、施工方案

① 杨鹏鸣，罗汀．与工程合同状态有关的施工索赔模型［J］．建筑管理现代化，2006（1）：41-43.

续表

学者	构成要素	具体内容
刘华等[①]	合同条件	社会环境、管理能力、工程技术、自然环境、资源供应情况、经济能力、合作关系

由上述的统计不难看出，虽然不同学者对合同状态的构成要素的理解不同，但其内涵也有相似之处，基本包括合同目标体系以及合同基础条件体系两大类。本书根据不同学者的研究分析，将合同状态构成因素分为合同内部因素与合同外部环境因素两类。合同内部因素是指由合同以及相关规范文件确定的合同要素，主要包括双方合意形成的工程质量标准、实施方案、工期、工程价款、工程量，合同外部环境因素是指合同所处的真实环境确定的要素，主要包括法律环境、气候条件、水文地质条件、经济社会条件等。

本书针对施工合同进行分析，在以上两种分类的基础上，将施工合同的状态的构成因素进一步明确为工程项目自身、合同文件、合同主体、环境条件这四个方面的要素集合。工程项目自身主要包括工程质量、工期等；合同文件主要包括设计图纸、规范标准、合同协议书等；合同主体主要包括管理能力、经济能力、合作水平等；环境条件主要包括工程所处的现场条件，以及外部的法律、经济、社会条件。

3.1.4 柔性管理

脆弱性决定了不完全施工合同远期履行的适应性，施工合同越脆弱，其适应不确定性的能力越弱。应对脆弱性的一个解决方案是柔性管理。面对实践中施工合同纠纷乱象，我们不能期望通过单一的行政规制的强制力来解决，这既侵犯了合同自由原则，也降低了交易效率。柔性管理给非正式制度安排预留了发挥作用的舞台。

柔性管理“以柔克刚”，能够吸收合同环境变化带来的刚性冲击力和扰动。柔性管理要求发包人和承包人在合作激励条件下，共同克服合同脆弱

① 刘华，袁婷．基于粗糙集的影响大型工程合同状态指标体系构建［J］．科技管理研究，2017，37（6）：39-43.

性暴露出来的漏洞，而不是通过行政强制力来解决问题，能够以不变应万变。施工合同条款设计具有内在驱动力，当事人选择继续合作符合双方理性利益选择需求。柔性管理给不完全施工合同留下了弹性空间，当事人选择继续合作对双方来说是一种帕累托改进，具有经济效率价值。柔性管理尊重当事人意思自治，能够及时熨平合同敞口，将隐性规则或缺省规则逐步显性化，大大提高不完全合同的适应性，从而使不完全合同更具效率优势。

3.2 机会主义

不完全施工合同来源于缔约信息的不完全、不对称：除了当事人无法控制的客观信息，还有不利的施工条件、不可抗力等；当事人还可能隐藏信息或隐藏行为。经济分析法学认为，机会主义行为与诚信原则背道而驰，合同法诚信原则最大的用武之地就是信息显性化。

3.2.1 机会诱因

缔约合同信息的不完全，以及缔约当事人信息的不对称，为诱发当事人的机会主义行为提供了可能。当事人的利己行为，让不完全施工合同均衡状态被打破，有损合同事前或事后效率。依据现代契约理论，正是因为信息不对称的客观存在，契约设计才有意义。Keith Collier[①] 认为，建设工程合同的问题有四个：第一个是准确的预测，第二个是最小化风险，第三个是完全合同，第四个是有效信息。信息不对称不仅存在于合同当事人双方，而且可能在工程争议评审、仲裁或诉讼中不能被第三人观察或验证，或观察或验证需要大量交易成本，不符合成本收益原则。使不完全合同规避上述机会主义行为带来的效率损失的方法是避免上述机会主义行为发生，更重要的是要具有经济合理性的风险配置以及法律权利的有效分配。

① COLLIER K. Construction contracts [M]. 3rd ed. Prentice Hall，2001：120.

在有限理性和自利假设条件下，当事人客观上都存在机会主义行为激励。信任度越低，不完全合同的目标合同状态就越难以实现。为削弱这种自然激励，不完全合同及法律规则一方面可通过设置惩罚提高机会主义行为成本，另一方面可给予诚信行为奖励提高诚信收益。

3.2.2 逆向选择

逆向选择（adverse selection）是一种合同前机会主义行为，是信息经济学中的一个核心概念。它是指在订立合同时，具有信息优势的一方利用自己的信息，选择与具有信息劣势的一方进行交易，使自己受益，使具有信息劣势的一方受损，使交易价格失衡、交易效率降低。“竞争”的结果是劣币驱逐良币，个体与社会福利一损俱损。比如，在承包人资信实力、经验、商业诚信、技术能力等信息方面，承包人显然比发包人更有优势；在发包人对价给付能力、诚信、设计图纸等信息方面，发包人更有优势。

在“陌生关系”交易中，发包人和承包人不可能完全辨别对方是否具备合同缔约与履行能力，都可能隐藏信息，过度利用私权自治，使对方做出信息不完全承诺，甚至错误承诺，产生双边逆向选择问题。发包人项目许可不完备、建设资金未落实、明知设计方案会变更而不做任何提示，都会导致承包人做出“不理性”的合同决策。同样，承包人采用弄虚作假、挂靠、编制虚假施工组织设计等手段谋取中标，也会损及发包人的合同权益和社会福利。除此之外，有些法律制度设计也激励了当事人的逆向选择行为，如最低价中标法。承包人可以通过串标方式提高“最低价”，也可以通过低价中标、高价索赔或“敲竹杠”的方式获利。不论是发包人还是承包人的逆向选择，都会使不完全合同更加不完全，我们可以称之为合同失灵。以波斯纳为代表的经济分析法学学者认为，对法律制度的构建主要体现在机会主义行为的防范上。法律制度大大降低了交易的复杂性，为当事人提供了许多意外情况的信息，这对降低交易成本、最大化社会财富作用显著。

在合同当事人进行决策时，信息不对称可能给当事人带来欺诈、误解、显失公平等合同瑕疵，即使合同能够继续履行，也要花费一定的再谈判成本。针对这个问题，《中华人民共和国民法典》（以下简称《民法典》）以及施工合同司法解释对施工合同效力以及无效施工合同的结算给出了相应正式制度安排保障和解决方案。《中华人民共和国建筑法》（以下简称《建筑法》）、《中华人民共和国招标投标法》（以下简称《招标投标法》）等带有行政规制性的法律规范通过干预，矫正了部分缔约自由与内容自由下的逆向选择问题。不过，干预会产生合同效率损失，达不到模拟完全竞争条件下资源的最优配置。在建筑市场中，潜在承包人风险偏好不同，准合同交易存在多种交易均衡，发包人可以根据帕累托均衡结果对其进行排序。如果部分，甚至全部承包人存在逆向选择行为，那么中标人可能就不是发包人的最优交易相对人，施工合同在一开始就偏离了效率路径，合同状态初始不稳定。更令人担忧的是，如果发包人也存在逆向选择行为，施工合同初始状态将更加不稳定。

降低逆向选择产生的信息成本具有效率意义。生产性信息能够促进社会福利增加，合同法律制度和约定应当给予这类信息强激励，包括信息供给正激励和隐藏信息的负激励。招标投标相关法律制度在招标投标过程中设置的资格审查制度、代理制度以及评标规定都是激励合同前当事人信息披露的正式制度安排，能够直接提高交易效率，增加社会福利。再分配信息没有生产意义，不能促进社会福利的增加，只能为交易当事人创造交易优势，但是这种再分配信息可以提高拥有信息优势的当事人的逆向选择成本，抑制当事人的逆向选择行为，给信息劣势一方提供信赖利益保护。《民法典》第五百条规定了合同签订前，信息披露瑕疵的三种情形。当事人要对自己的逆向选择行为承担缔约过失损害赔偿责任，赔偿的范围仅限给对方当事人造成的信赖利益损失。再分配信息对逆向选择行为的抑制作用还取决于逆向选择的收益。

在工程实践中，有一种逆向选择行为是被法律或国际惯例允许的。由于招标人的工作疏忽，招标图纸或工程量清单出现疏漏之处，投标人有权隐藏信息，采用不平衡报价法最大化己方合同利益。从经济分析法学视角来看，这种逆向选择行为没有生产性价值，只有分配性价值，是不应当被正向激励的。

3.2.3　道德风险

道德风险是一种合同后机会主义行为，它是指合同成立后，当事人的增量信息获得不均衡，具有信息劣势的一方无法观察到具有信息优势的一方的行为，具有信息优势的一方可能做出有损具有信息劣势的一方的利益的行为。合同成立后，信息量随着时间动态增加，即使合同前当事人的信息是对称的，合同后也会失衡，从而导致合同状态不断调整，产生合同后机会主义行为。虽然《民法典》《最高人民法院关于审理建设工程施工合同纠纷案件适用法律问题的解释（一）》《招标投标法》等相关法律法规、司法解释以及合同规定了违约责任作为矫正这种事后机会主义行为的负向激励，但是道德风险还是不同于违约行为。首先，研究视角不同。道德风险侧重经济学方面的表述，是指双方信息不对称引起的事后机会主义行为。违约侧重法律层面的描述，更多是由法院对一方当事人做出判决结果。其次，内涵范畴不同。违约行为是在法律中明确规定的禁止性行为，道德风险行为并不一定被界定为违法行为。其一，承包人产生道德风险行为并未在法律中做出明确规定，承包人可以利用法律漏洞实现自己的利益。其二，发包人可能在举证时被判定证据不足或证据与诉求无关联性导致败诉，此时承包人的道德风险行为不能被界定为违约行为。最后，发包人与承包人可能在施工过程中有口头约定，该约定并未如实记录在合同或协议中，那么法院此时难以判定承包人是否违反约定，也不能将其行为判定为违约行为。在建筑市场中，道德风险问题比较突出，如发包人延期付款、肢解发包、让利威胁、指定分包等，以及承包人转包、违法分包、偷工减料等。尽管对可能出现的道德风险，当事人可以通过对合同相对人的道德风险监督与再谈判来预防，但这种监督成本和再谈判成本却实实在在构成了合同效率漏损。此处，有以下三个问题值得深入研究：一是合同法诚信原则是否对道德风险有抑制作用；二是效率违约是效率止损还是效率漏损；三是继续履行是否是一种效率制度安排。对于上述这些问题，本书将在后文进行检视和探讨。

道德风险会使合同现实状态偏离目标状态，施工合同需要为预防道德风险行为的发生设置适当的激励，只要激励成本不超过道德风险造成的效率漏损。当然，这种激励也不是越强越好。美国法经济分析学者 Benjamin Klein[①] 不赞成合同提供最大化激励，而是提供一种能够代替法院强制执行的激励。这类激励可以是正激励，也可以是负激励，还可以是正负激励并举。这种适宜的激励结构设计，在不少重要工程施工合同中已取得明显效果。在香港青马大桥项目合同[②]中，发包人将“承包人工作表现信用状”作价合同价款的 10%，若承包人履行合同不当，那么发包人就可以终止合同，将剩余工程另行招标，剩余工程支出由承包人补齐，其信用状款被发包人没收。同时，为了防范道德风险，发包人或承包人可以利用第三方对对方实施监督与控制，如发包人可以聘用工程咨询公司对承包人施工工程的费用、进度与质量等实施控制与监督。

除合理的激励结构设计以外，合同法还为防范发包人或承包人的道德风险设置了抗辩权制度以及合同保全制度（包括撤销权与代位权）。需要提防的是，严格责任原则使未违约方容易衍生道德风险，针对这一问题，采用此原则的《民法典》又规定了免责及减损义务来避免。

合同法律制度虽然可以在一定程度上控制机会主义行为，但不能从根本上消除机会主义行为。一旦机会主义行为发生，当事人可通过或裁或讼的程序实现合同公平目标。可是，仲裁或诉讼程序的启动是存在交易成本的。与其以事后惩戒的方式震慑机会主义行为，不如在合同中嵌入一种激励相容的反机会主义条款，通过私人自利自治合同设计，不需要仲裁委员会或法院干预，使合同主体的机会主义行为在缔约阶段得到最大限度的防范。

本书将从发包人视角，在第 6 章针对承包人道德风险行为进行识别和溯源，描述在无道德风险行为下的履约状态并与通过文献研究、合同范本及司法判例中识别的道德风险行为进行履约现状对比，探究承包人道德风险行为本源；在第 7 章构建正式契约下当期履约激励模型以及关系契约下远期履约激励模型。本书在正式契约下建立发包人与承包人当期成本-收益模型，探究承包人在工程进度、工程质量、工程成本方面投入的努力程度

---

① 科斯，哈特，斯蒂格利茨，等．契约经济学［M］．李风圣，译．北京：经济科学出版社，1999：199.

② 刘正光．香港青马大桥的工程管理方法［C］//首届工程管理论坛．2007.

影响因素并分析当期履约激励系数，为发包人在设计激励合同条款时提供思路。正式契约的激励作用有限，所以需要关系契约自执行力对激励作用进行有效补充。建立发包人与承包人在关系契约下的远期成本-收益模型，探究关系契约自执行力的影响因素，可以为发包人激励承包人的自我履约行为提供解决思路，进而指出防范承包人道德风险行为的履约激励策略：通过正式制度下法律规制、合同设计以及关系嵌入式履约保障两种履约激励方式，促进当事人降低交易成本持续合作，防范承包人道德风险行为，促进履约效率的提升。

3.2.4　“敲竹杠”

建设工程投资资产的专用性强，合同当事人容易被交易“绑架”。如果一方是非专用性资产占有当事人，另一方是专用性资产占有当事人，后者就可能面临前者的道德风险（“敲竹杠”行为），前者可能会侵占后者专用性投资带来的可占用性准租。“敲竹杠”产生的成本实际上是一种再分配成本，没有任何效率价值。“敲竹杠”是否会发生，取决于当事人的成本收益分析，其中成本包括相对人终止交易合同的未来损失，以及市场声誉贬值损失（包括日后缔结其他合同导致的成本增加）。在设置合同中有关专用性投资条款时，当事人应做小“敲竹杠”潜在收益，做大“敲竹杠”损失，避免或尽量减少“敲竹杠”的机会，将当事人自利行为导向合同目标状态的一致行动。

3.3　合同义务与合同责任的扩张

3.3.1　合同义务的扩张

从古典合同法视角来看，施工合同中的合同义务是对待给付义务，现代合同法理论更强调债权目的的实现，合同义务扩张包括附随义务的横向扩张[1]，以及先合同义务与后合同义务的纵向扩张。附随义务是当事人给付义务之外的义务，表明合同“约定”不再是合同义务发生的唯一根据。《民法典》的“合同”编的“合同的履行”章规定，“当事人应当遵循诚信原则，根据合同的性质、目的和交易习惯履行通知、协助、保密等义务”；“违约责任”章规定了不可抗力的通知与证明义务，以及违约相对人的减损义务，这些都是对待给付义务的附随义务。先合同义务主要体现在合同订立章和终止章，它们分别规定了缔约过失责任、保密义务，以及合同终止后的通知、协助、保密等义务。后合同义务见于《建筑法》与《建设工程质量管理条例》有关工程质量保修制度的规定。

3.3.2 合同责任的扩张

与合同义务的扩张对应的是合同责任的扩张，包括给付义务及其附随义务产生的违约责任，以及先合同义务衍生的缔约过失责任和后合同义务衍生的后合同责任。合同责任的扩张提高了当事人的机会主义成本，可以有效地防范当事人的逆向选择与道德风险，健全了合同的自我履约机制。

对抗制在对付机会主义行为方面也更有效率，它为具有信息劣势的一方的信赖利益提供了保护。我国合同法采用了大陆法的不安抗辩权制度，用于防御当事人事后机会主义行为，这一防御性权利在保护合同债权方面相对而言有些被动。与此同时，我国合同法还吸收了英美法的先期违约制度：当事人一方明确表示或者以自己的行为表明不履行合同义务的，对方可以在履行届满之前要求其承担违约责任。相对于大陆法来说，英美法显得更主动。

3.3.3 违约救济

实际上，违约并非源于合同的不完全性，而恰恰是合同条款供给充足，只是因主观或客观原因，当事人不能严格履行合同，或者当事人不愿继续

---

① 内田贵．契约的再生［M］．胡宝海，译．北京：中国法制出版社，2005：22.

履行合同，应当承担对自己不利的法律后果。这种法律后果因合同允诺的可强制执行性而具有国家强制性。根据违约诱因不同，波斯纳把违约分为机会违约和非机会违约。

在不完全施工合同中，当事人不可能为各种违约情形都匹配具体的损失赔偿条款。当不完全施工合同出现履行障碍时，大陆法和普通法一般采用两种通行的违约救济方法，即继续履行和损害赔偿。损害赔偿实际上是用合同目标状态的预期收益来定价违约行为。损害赔偿制度激励如表3-2所示，德国经济分析法学学者舍费尔和奥特[1]提供了四种可能的计算方式。违约救济实际上是对违约当事人设置的一种负激励，从方式一到方式四，激励程度逐渐减弱。

表3-2 损害赔偿制度激励

计算方式	激励方式
方式一	法律规则可以提供严格的负激励，杜绝当事人机会主义行为和违约行为，如强制违约方实际履行，或者要求违约方赔偿违约给相对人造成的全部损失并将其违约收益同时转移给相对人
方式二	法律规则提供比方式一稍弱的负激励，如支持受害方对违约方的损害赔偿请求权，包括预期损失赔偿（积极利益），但不支持将违约收益也转移给受害人
方式三	法律规则不提供任何负激励。如果强制实际履行是不经济的，那么即使合同之债能够履行，法律规则也不支持实际履行
方式四	法律规则支持受害方要求违约方赔偿合同信赖利益的请求（消极利益）

在实践中，大陆法认为，合同责任历来是违约行为在道德上的应受非难性，大多数学者坚持实际履行救济优先原则。但在英美法中，实际履行只是损害赔偿的备选方案和次优选择。也就是说，经济标准应当取代道德标准，成为是否继续实际履行的决策依据。波斯纳也认为，实际履行不是违约救济的首选方法。既然如此，合同法需要给损害赔偿的范围确定一个边界，以供当事人决策参考。损害赔偿有三种可能的算法，即信赖赔偿、

① 汉斯-贝恩德·舍费尔，克劳斯·奥特．民法的经济分析［M］．江清云，杜涛，译．北京：法律出版社，2009：435.

预期损失赔偿和机会成本赔偿，不同算法的激励强度不同，它们分别反映了富勒等学者对信赖、期待和恢复原状这三种利益的定位。

如表 3-3 所示，信赖赔偿采用有无对比法，以无合同状态作为计算起点，当失去信赖时，受害方有权要求恢复到无合同状态时的财产权利状态，赔偿的范围也仅限于合同信赖利益损失，未考虑受害方时间损失和机会损失，比较消极。法国民法典和我国合同法均采用了这种赔偿方法。与信赖赔偿相比，预期损失赔偿要积极一些。预期损失赔偿采用假想契约法，以合同完全履行作为计算终点，赔偿内容覆盖受害方从假设合同完全履行可能得到的期待利益，包括未履行部分可能带来的收益。机会成本赔偿采用最佳机会法，也就是违约受害人不与违约人签订合同而选择另一个同等合同条件下能够完全履约的交易伙伴可能获得的利益。简言之，机会成本赔偿就是违约受害人因丧失与其他交易伙伴缔约机会而受到的损失。不过，因为机会成本比较难以预测，举证难度较大，不论是大陆法系还是普通法系国家，这种赔偿在实践中很少得到支持。综上所述，从数量上来看，完全预期损失赔偿>机会成本赔偿>信赖赔偿。

表 3-3　违约损害赔偿

赔偿方式	计算方法	赔偿范围
信赖赔偿	有无对比法	合同利益损失
预期损失赔偿	假想契约法	期待利益（包括沉没成本）
机会成本赔偿	最佳机会法	机会成本

从经济分析法学视角来看，损害赔偿首先要遵从合同自治，当事人如果就赔偿损失另行约定，则合同约定应优先于法律规则适用。可是，包括我国在内的大陆法系国家大多采用信赖赔偿，赔偿额度与约定赔偿应当大致相当，不能出现较大出入。《民法典》第五百八十五条规定，“当事人可以约定一方违约时应当根据违约情况向对方支付一定数额的违约金，也可以约定因违约产生的损失赔偿额的计算方法。约定的违约金低于造成的损失的，人民法院或者仲裁机构可以根据当事人的请求予以增加；约定的违约金过分高于造成的损失的，人民法院或者仲裁机构可以根据当事人的请求予以适当减少。当事人就迟延履行约定违约金的，违约方支付违约金后，还应当履行债务”。从上述条款可以看出，我国合同法同时适用信赖赔偿与

实际履行。我们建议，当市场解决成本低于法律解决成本时，违约赔偿损失的问题应当交由市场来解决，尊重当事人意思自治。当市场解决成本高于法律解决成本时，违约赔偿问题应当交由可强制执行的法律来解决，这就是法律制度的边界。与大陆法系国家相比，英美普通法系国家大多采用预期损失赔偿，更符合经济效率要求，这也是判例法成本远小于成文法的原因之一。

第 4 章

风险分配与对待给付

市场交换的前提是产权界定。此处的产权不仅指财产权，还包括法律权利在内的制度权利资源。面对风险和不确定性，法律权利分配给谁（法律权利的分配方式）决定了社会资源的配置效率。依照瑞恩[①]的说法，不完全施工合同就是当事人分配风险与收益的方法。

4.1 科斯定理与分配效率

4.1.1 科斯定理

在交易成本这一核心概念的基础上，科斯得出了有关制度配置资源的三个定理。

科斯第一定理：交易成本为零，产权无论如何配置均可实现帕累托最优。

科斯第二定理：交易成本大于零，不同的权利界定会带来不同效率的资源配置。

科斯第三定理：交易费用大于零，通过法律来准确界定初始权利，将优于私人之间通过交易来纠正权利的初始配置而实现帕累托改进的结果。

科斯第三定理明确了经济分析法学的基本目标，即采用分配正义的经济信条有效配置资源，研究法律的内在经济合理性。法律制度作为经济发展的内生变量，通过使激励而不是强制成为整个法律制度的核心，从而引导人们心甘情愿地做出社会可欲的选择。科斯将法律从功利主义带向了实用主义。

---

① RANNS R H B, RANNS E J M. Practical construction management [M]. Taylor & Francis, 2005: 10.

4.1.2　风险分配效率

如前所述，阿罗-德布鲁范式完全合同条件下的帕累托最优均衡没有现实基础，现代契约理论认为，在加入约束条件后，仍然有最优契约解。相对于帕累托最优均衡解，现代契约中的最优是一种次优标准，也就是不完全合同效率下的标准。这种最优实现的前提是，风险在当事人之间有效分配。不论合同当事人的风险态度如何，合同当事人都可以通过合同内“交易”，在对待给付基础上实现风险的自治配置，比如工程质量、工期奖励等。对于风险承担者来说，当对待给付足以覆盖风险成本时，风险自然就不是问题了，所以风险分配问题实则是对待给付问题。但是一方的福利增加并不一定符合卡尔多-希克斯效率，所以法律制度应当将风险分配权依照增加社会福利的目标进行分配。

合同当事人的“自然禀赋”不同，其处理风险的成本也有高有低，有效的风险分配就是在成本最小化的前提下，当事人自愿交易风险的过程。根据 Robert① 的观点，工程风险包括合同风险和建造风险。此处的合同风险是与合同清晰度、一边倒条款规定、不完善沟通以及不适宜的合同管理相关的风险。建造风险是工程建设过程固有的风险。检验风险是否有效分配的一个经济标准就是，风险分配及其对待给付是否体现了发包人和承包人目标一致的履约激励。Jannadia 等人②的调查结果显示，公平分配合同风险在五种解决争端的合同管理方法中居于首位。此处的公平是基于对价的公平。风险边界越清晰，不完全施工合同自我履约能力越强。所以，在不完全施工合同中，风险分配要解决以下三个问题：第一，检验风险的可预见性；第二，计算风险预防成本和收益；第三，确定风险归属。

---

① ROBERT J S. Allocation of risk—the case for manageability [M]. The International Construction Law Review，1996：550.

② JANNADIA M O. ASSAF S，BUBSHAIT A A，et al. Contractual methods for dispute avoidance and resolution (DAR) [J]. International Journal of Project Management，2000，18 (1)：41-49.

4.2 风险分配模式

4.2.1 可预见性风险分配

在这种模式中，风险分配的依据是风险是否能被当事人预见，其典型代表是FIDIC合同条件：如果某风险可被一个有经验的承包商合理地预见，那么该风险分配给该承包商是可以接受的。对于是否可以预见，存在三种可能的情形：单方已知、双方已知和双方未知。问题是，谁能预见？换言之，如何判断当事人的已知还是未知？这显然是一个主观性较强的判断。在实践中，我们采取第三方可观察或可验证的标准，即合理性和经验。风险应该分配给有经验且能够合理预见的已知方。上述分配适用于单方已知的情形，若当事人双方均已知，风险怎么分配呢？当事人可以根据风险偏好对风险分担进行谈判。若双方均未知，风险分配给发包人。实际上，只要是一个有经验的承包商无法合理预见和防范的风险，都被列入发包人风险清单，其中最典型的就是FIDIC合同条件第4版第20.4款。

可预见风险分配经验模式有三个致命的缺陷。首先，这种模式带有较强的主观性，忽视了不同当事人之间“经验”与“合理预见”的禀赋差异，当事人形成合意难度大。其次，这种模式忽略了当事人的风险偏好，关闭了当事人对价谈判或再谈判的窗口，这也是ICE、FIDIC等国际工程合同文本的短板。最后，这种模式没有考虑风险分配的经济性，没有风险对价。

4.2.2 可管理性风险分配

可管理性风险分配模式首先对可识别风险进行评估分析，然后根据当事人风险控制能力将风险分配给能够进行最佳管理和有能力降低该风险的一方。其中，管理和控制风险的方法是风险转移。在NEC合同条件中，这一点体现得最充分，如风险条款（第一版第80款、第二版第80.1)、保险条款（第二版第84.1款、第84.2款）和补偿事件（第二版第60.1款)。《民法典》“合同”编对于因第三人违约的处理，基本上也采用了可管理性风险分配模式。比如，在承包人与供应商的材料买卖合同中，供应商未能如期交货，导致承包人工期延误，承包人需要向发包人承担违约责任，因为与发包人相比，承包人对供应商更具管理优势和控制能力。承包人可以在材料买卖合同中将延迟交付风险转移给供货商。当然，如果发包人拥有较强的材料采购能力或者议价能力，当事人也可以在施工合同中约定将材料采购义务和风险分配给发包人。

在买方分包交易中，当事人常常在分包合同中约定“背靠背”条款，即在发包人向总包人支付工程款后，总包人再向分包人支付分包款项。从法理上来看，总包人、分包人自愿协商一致达成“背靠背”条款，符合意思自治原则，有其合理性。对于总包人而言，基于“背靠背”条款的风险分配也恰恰体现了可管理性原则。

可管理性风险分配模式没有区分风险来源和当事人的风险偏好，风险转移也无对价，当事人履约动机相左，信任度降低，合同倾向失衡。风险向合同相对人的转移和传递无助于施工合同合作效率的提升。

4.2.3 基于经济分析法学的风险分配

经济分析法学认为，风险应当分配给最低成本的风险规避者。而且，经济分析法学还给这种风险成本的计量提供了方法，分配决策依据风险损失、风险概率和自我保险或市场保险成本的比较，它可以使风险受害人获得对价赔偿，并恢复到风险发生前的财产状态，实现卡尔多-希克斯效率目标。

这种分配模式打破了当事人之间博弈的囚徒困境，消除了信息不对称带来的效率损失。一般这种分配需要正式制度安排的保障，许多国家合同法在立法条款中也逐步接受了这种分配模式，它对防范当事人的道德风险效果显著。相对于可预见性模式，经济分析法学模式提供了解决方案，更具可操作性；相对于可管理性模式，经济分析法学模式更具经济性。在实践中，这种风险分配模式越来越被认可和接受。《建设工程工程量清单计价规范》(GB 50500—2013) 的第3.4节规定：建设工程发承包，必须在招标文件、合同中明确计价中的风险内容及其范围，不得采用无限风险、所有风险或类似语句规定计价中的风险内容及范围。由于市场物价波动影响合同价款的，应由发承包双方合理分摊，按本规范附录L.2或L.3填写《承包人提供主要材料和工程设备一览表》作为合同附件；当合同中没有约定，发承包双方发生争议时，应按本规范第9.8.1～9.8.3条的规定调整合同价款。

当事人根据可观察性和可检验性标准，对风险事件进行确认，并合理预测其发生概率，并根据损失期望值推导风险分配方案，作为合同谈判的依据。即使不能就己方最优方案与对方达成一致，只要对方能给付有分量的对价，且该对价能够弥补自己放弃最优方案而选择次优方案的损失，这样的分配就是有效率的。当然，这种分配谈判是“风险前”谈判，“风险后”谈判只有分配公平而没有任何效率意义。基于经济分析法学的分配模式将风险分配给最低成本的风险规避者对标准化产品或服务的重复交易是比较适合的，但是对非标准化的施工和一次性交易难以适用。因为风险未发生前，当事人无法验证谁是最低成本的风险规避者，在只有过往“交易”能验证的情况下，用它在“风险前”对风险进行分配显然是个悖论。

4.2.4 对待给付

施工合同是不完全的，风险分配也是不完全的。前述风险分配各有侧重，但从可操作性角度来看，我们不妨各取所长。依据可预见性模式，我们可以将可预见性风险在通用条款中最大限度地约定，并按照效率原则进行分析，以降低重复性的交易成本；对于不可预见风险，发包人和承包人可以根据福利最大化原则进行再谈判。在分配这种不可预见风险时，我们要考虑谁是最佳的风险控制者和管理者，然后将风险分配给能够进行最佳管理和有能力降低该风险的一方。如果这种分配不符合当事人的风险偏好，可以通过对价将风险进行经济性转移，最终实现风险成本最小化和福利最大化目标。风险交易可能发生在合同内，也可能发生在合同之外。风险交易转移对象不一定是合同相对人，也可能是分包人或者保险机构等专业风险经营者，还可能是联合体。这也符合专业化和分工协作的市场逻辑，结果是将合同的"不确定性"局部收敛于"确定"，使"不完全"合同趋于"完全"。

产生施工合同纠纷时，法院可以采用事后分析寻求最低成本风险规避者，并通过可执行性的分配，对风险转移进行定价：最低成本即合同相对人应支付的风险分配对价。当事人一方违约后，对方应当采取适当措施防止损失扩大；没有采取适当措施致使损失扩大的，不得就扩大的损失要求赔偿。当事人因防止损失扩大而支出的合理费用，由违约方承担。对于这样的机会主义风险，上述规定在风险对价确认和计量的基础上进行了有效的分配。

4.3　风险分配对价影响因素

合同状态变化决定了风险分配的对价，本书将围绕影响合同状态的四个因素展开定量描述。

4.3.1　合同状态表达

施工合同状态的构成要素分为工程项目自身、合同主体、环境条件、合同文件这四个方面。合同状态可以用一组变量来表示，其矢量表达式为

$$\mathbf{A}=[a_1, a_2, a_3, a_4]^{\mathrm{T}} \tag{4-1}$$

式中：$\mathbf{A}$——合同状态矢量，$\mathbf{A}\in R^2$；

a_1，a_2，a_3，a_4——合同状态变量，分别涉及工程项目自身、合同主体、环境条件、合同文件；

T——转置。

R^4 表示四维合同状态空间。合同状态空间内的任一点（a_1，a_2，a_3，a_4），对应合同状态空间中的矢量 $\mathbf{A}=[a_1, a_2, a_3, a_4]^{\mathrm{T}}$。在合同履约过程中，随着时间的变化，合同状态变量变化，对应的点在合同状态空间内形成一条合同状态曲线。

项目实施的最终目的是达成目标状态，从合同原始状态到合同目标状

态需要按照双方合意的规则进行，才能实现合同目标。这里将合同规则的约束用矢量表达为

$$\boldsymbol{D}=[d_1,\ d_2,\ d_3,\ d_4]^{\mathrm{T}} \tag{4-2}$$

在合同实际履约过程中，总会存在各种干扰因素，使合同无法一直正常按照合同约定的规则履行下去。这些干扰因素用 $\boldsymbol{G}$ 来表示，则其表达式为

$$\boldsymbol{G}=[g_1,\ g_2,\ g_3,\ g_4]^{\mathrm{T}} \tag{4-3}$$

工程项目正常进行，在约束规则 $\boldsymbol{D}$ 的作用下，随 t 的变化，$\boldsymbol{A}_1$（t）形成的曲线代表了合同的理想状态，在 $\boldsymbol{D}$ 和 $\boldsymbol{G}$ 的共同作用下的合同状态曲线 $\boldsymbol{A}_2$（t）代表合同现实的状态。有些合同的干扰因素是可以预料并提前做出应对的，而有些是无法预料的，可能会存在各种不确定性事件。此时合同的实际状态是由合同规则和干扰因素共同决定的，形成了与合同目标状态有一定偏差的合同现实状态 $\boldsymbol{A}_0$（t）。

由以上分析可以看出，合同状态是时间的函数，随着时间的变化而变化。合同的初始状态是合同演化的开始。在不受干扰时，合同按照 $\boldsymbol{A}_1$（t）形成的曲线演进，从初始状态按照合同规则变成理想状态从而达成目标状态，则合同双方在利益的驱使下会自觉履行合同，直至完成项目。但在项目实际进行中，由于合同受到内部系统和外在环境的风险因素干扰，如设计变更、水文地质条件变化，会使合同的演进过程偏离合同双方的意愿，此时合同状态在约束规则 $\boldsymbol{D}$ 和干扰因素 $\boldsymbol{G}$ 的作用下按照 $\boldsymbol{A}_2$（t）形成的曲线演进，形成合同的现实状态。

4.3.2 合同状态的变化

初始合同是在项目开始前签订的，随着项目不断进行，当事人可能对合同进行修正、调整，也可能会签订补充协议。双方签订合同以及后续的补充协议，代表双方对合同状态达成一致，合同状态处于平衡。但是由于事物固有的不确定性，当合同状态要素中的一个或多个发生变化时，会打破合同的这种平衡状态，这时需要对变化进行调整，使合同再次达到平衡。工程项目的建设过程，就是合同状态由平衡到不平衡，采取措施调整后再次达到平衡的循环推进过程，如图 4-1 所示。

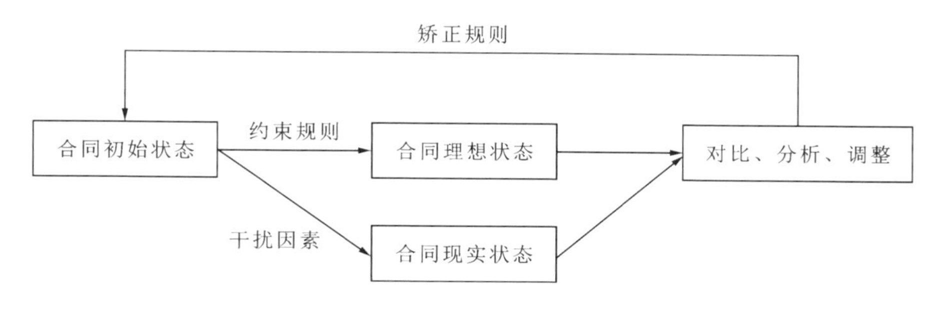

图 4-1　合同状态变化

具体来看，在项目前期，双方在招标投标后签订合同，合同当事人的状态、合同文书、工程相关的施工方案、自然环境、社会环境等因素共同构成了合同的初始状态。这种状态是双方协商一致的结果，双方对此都予以认同，这时的合同初始状态达到平衡。在项目开工后，按照施工方案进行施工，如果工程建设中遇到的所有问题都能在约定好的合同框架下解决、不产生偏差，此时合同处于理想状态。但由于施工合同的不完全性以及施工项目的不确定性，合同的理想状态只能是一种假定的状态，在现实中必定产生某种不可预料的事件对工程产生影响，此时合同所处的状态就是合同的现实状态。合同的现实状态必定与理想状态有所偏差，此时会产生两个后果：一是双方认为这种偏差在可以接受的范围内，意见一致，对其予以确认，则此时的合同状态作为新的初始状态进入下一轮循环；二是双方认为偏差过大，对此有争议（如发包人长期拖欠进度款、承包人的工程质量不符合规定的标准等），此时需要按合同的争议处理条款进行解决，即调用矫正规则处理，使双方达成一致，争议解决后，合同重新达到平衡，此时的合同状态作为新的初始状态。

4.4　合同对价影响因素识别

由上述的分析可知，合同的不完全性及状态变化与合同的价款纠纷有着密切关系。不完全施工合同是普遍存在的，这是价款纠纷产生的前提。

如果合同是完全的，价款问题按照约定解决即可，双方不会产生纠纷。在合同不完全这个前提下，项目自身的不确定性以及机会主义行为等，必定会对合同状态产生影响，受此干扰，合同状态的平衡被打破。为了项目继续进行，要让合同状态再次达到平衡。在合同状态失衡到再平衡的过程中，我们要采用工程变更、调整价格、索赔、支付欠款等方式对合同价款进行调整或支付，使合同重新达到平衡状态。因此合同状态的变化与合同价款的调整或支付是有对应关系的，每次合同状态失衡都有可能引起合同对价纠纷（见图 4-2）。

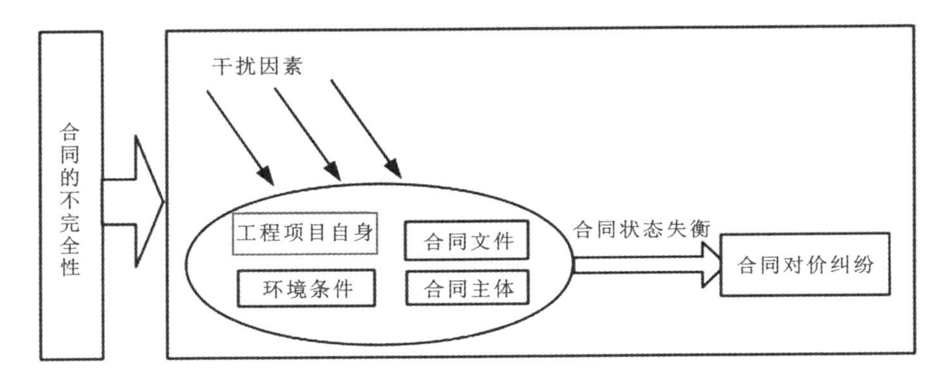

图 4-2 风险分配与合同对价纠纷

合同状态改变的干扰因素的本质就是风险事件干扰。风险事件的识别一般遵循系统性、动态性、综合性、全面性等原则，识别方法有问卷调查法、案例分析法、头脑风暴法、专家访谈法等。为保证识别因素的质量和准确性，本书采用文献分析识别、案例分析识别两种方式进行识别，经比较分析后得出最终影响因素表。

4.4.1 基于文献调查的研究

作者在中国知网等数据库中设置检索条件，以施工合同价款为主题条件，选择核心期刊，硕士、博士论文，选取其中被引用和下载次数较多的文献，经过阅读筛选，从大量检索出的文献中选取有代表性的文献作为识别样本，整理得到合同对价纠纷影响因素，如表 4-1 所示。

表 4-1　合同对价纠纷影响因素（文献）

序号	研究者（年份）	影响因素
1	Mitropoulos P 等[①]（2001）	1. 工作指令：澄清和传达信息或工作要求不力，包括范围、计划、设计、规格等； 2. 条件变化：信息不充分，包括现场条件、气候、第三方的未来行动等； 3. 承包商的履行：项目实际性能与预期性能不符，解决方案、负责人
2	Eybpoosh M 等[②]（2011）	1. 材料短缺； 2. 合同管理不善； 3. 财务和付款问题； 4. 价格波动； 5. 合同条款歧义； 6. 项目特点以及合同环境； 7. 工期延误； 8. 指令变更； 9. 天气、未知的地质情况
3	Cha H S 等[③]（2011）	1. 进度：工人数量不足、专业能力不足、水文地质条件不好、工艺选择不当、工程变更过多、气候恶劣、资源供应不足； 2. 预算：通货膨胀，税收严格，材料、人工、设备费用增加，索赔和纠纷，错算漏算； 3. 质量：设备操作不当、设计图纸有误、原材料质量有问题；

① MITROPOULOS P, HOWELL G. Model for understanding, preventing, and resolving project disputes [J]. Journal of Construction Engineering and Management, 2011, 127 (3): 223-231.

② EYBPOOSH M, DIKMEN I, TALAT B M. Identification of risk paths in international construction projects using structural equation modeling [J]. Journal of Construction Engineering and Management, 2011, 137 (12): 1164-1175.

③ CHA H S, SHIN Y K. Predicting project cost performance level by assessing risk factors of building construction in South Korea [J]. Journal of Asian Architecture & Building Engineering, 2011, 10 (2): 437-444.

续表

序号	研究者（年份）	影响因素
3	Cha H S 等 (2011)	4. 安全：意识不足、不了解安全知识、没有设置安全设施； 5. 环境：环境政策严格、污染环境、灾害应对能力弱； 6. 合同：签约程序有瑕疵、风险分配不公平、合同用语引起歧义、合同管理人员能力不足； 7. 管理：没有进行风险评估、临时增加工程项目、施工现场勘察不足、施工方案制订不合理
4	程安顺[①] (2013)	1. 外部因素：经济因素（通货膨胀、利率）、政策因素（政府政策变化、政府行为）、社会因素（公众影响、强行拆迁、治安水平）； 2. 内部因素：技术因素（设计变更、工程质量、安全管理、工程超期、控制成本）、选址风险（交通便利、施工现场的自然条件）
5	李祥军等[②] (2013)	1. 合同条款缺陷：买方市场，合同条款设计不公平； 2. 管理运作不规范：低价竞标、低成本运营、害怕破坏与发包人的关系等导致管理水平低下； 3. 争议处理：合同管理意识不强，争议发生初期人为缩小、忽略，到临界值可能会集中爆发
6	元云丽[③] (2013)	1. 政策：宏观调控政策、税收、税率； 2. 合同：条款不完善、不公平； 3. 经济：物价动荡、通货膨胀； 4. 管理：决策失误、规章制度不全、管理者和劳动者的能力不足，素质不高； 5. 施工：工程质量、工期、安全； 6. 设计：发包人对工程标准的不当要求、信息不全、设计者能力不足

① 程安顺．城市综合体项目风险评估研究［D］．杭州：浙江理工大学，2013.

② 李祥军，晋宗魁．建设工程施工合同争议成因及对策研究［J］．建筑经济，2013（8）：62-65.

③ 元云丽．基于模糊层次分析法（FAHP）的建设工程项目风险管理研究［D］．重庆：重庆大学，2013.

续表

序号	研究者（年份）	影响因素
7	李欣[①] (2014)	1. 政治因素：政府部门干预过多、宏观政策调整、法律法规发生变化； 2. 自然风险：自然灾害、气象变化、不利地理位置； 3. 经济因素：宏观经济不景气、原材价格不正常上涨、通货膨胀、贷款利率变化； 4. 合同因素：合同漏洞、条款不完善、双方理解歧义； 5. 施工因素：人、材料、机械、施工技术、现场条件； 6. 设计因素：设计错误，与实际环境条件不符合； 7. 不可预见因素：不确定性因素、不可抗力
8	朱任巍[②] (2014)	1. 工程变更：变更手续不完备、发包方及监理不当干涉、索赔失误； 2. 成本增加：工期增加、材料价格变动、实际工程量增加、法规政策变化； 3. 竣工结算：不按期结算、造价咨询单位故意压低价格、结算工程资料不完整
9	李树珍等[③] (2014)	1. 主要因素：法律法规及行业标准变化、工程变更（含现场办公签证）、物价波动（含运杂费调整）； 2. 其他因素：招标工程量清单的错漏缺项、工程量偏差、不可抗力事件、计日工、暂估价格、暂列金额
10	井锡卿[④] (2015)	1. 政府监管：自立项到竣工，均受到监督管理，要求的安全文明施工费、社会保障、规费支付等； 2. 设计质量及深度； 3. 招标投标不规范：标底和评标方法不合理、串标、未招先定等； 4. 施工合同：合同管理不规范、合同类型（固定价格或可调价）、合同条款不全面等； 5. 预算外工程量； 6. 索赔

① 李欣．建设工程合同与结算风险的研究［D］．西安：长安大学，2014.

② 朱任巍．HD 建设集团公司工程造价风险管理研究［D］．南昌：南昌大学，2014.

③ 李树珍，邵红星，李蔚萍．公路工程合同价款调整因素分析与探讨［J］．公路，2014，59（8）：102-105.

④ 井锡卿．建设工程中影响造价的因素分析［J］．财经问题研究，2015（S1）：76-78.

续表

序号	研究者（年份）	影响因素
11	王国栋[①] (2015)	1. 设计和施工技术：建筑结构设计，给排水、暖通、电气设计，变更施工技术或出现新技术； 2. 施工组织和管理：组织协调不力、人员管理松散、安全意识不足； 3. 工程质量：施工过程质量、材料质量； 4. 工程逾期：人员素质不够、环境气候发生变化、沟通不及时； 5. 资金因素：借贷的利率变化、项目超预算； 6. 环境因素：政策变化、自然环境
12	张灵芝等[②] (2016)	1. 环境因素：材料价格大幅波动、水文地质条件变化、法律法规变化、合同条款缺陷、合同类型、设计缺陷、口头合同、工程量清单不准确、竣工结算、施工“以包代管”； 2. 组织因素：发包人资金不足、组织协调能力不足、变更管理不规范、无规范付款凭证，承包人项目过程资料不完善、组织管理能力低、安全管理不规范、无规范的财务凭证； 3. 行为因素：证照或手续不全、没有履行通知义务、合同理解不足、机会主义行为、签证瑕疵、多次或口头变更、订立两份或多份内容不同的合同、未经验收使用、变更施工范围、变更与索赔未及时处理、停工盘点不及时、质量问题、未经发包人同意进行材料代换、未按图施工、不及时提出索赔、变更补偿
13	王勇[③] (2017)	1. 价款：设计变更、现场签证、工程量误差、索赔、外部环境、价格标准理解差异、工程款支付、显失公平； 2. 工程量：工程量计量及计量标准

① 王国栋．寿光中南·世纪星城 BE2 组团房地产建设项目施工风险管理研究［D］．青岛：中国海洋大学，2015.

② 张灵芝，徐伟，成虎．工程施工合同争议成因模型［J］．土木工程与管理学报，2016，33（4）：76-82.

③ 王勇．基于合同文件的工程造价纠纷预防及化解研究［D］．西安：西安科技大学，2017.

续表

序号	研究者（年份）	影响因素
14	傅强生[①]（2017）	1. 没有做好施工前准备； 2. 工程变更频繁； 3. 环境气候变化； 4. 工艺技术落后； 5. 协调组织能力不足
15	El-Karim A A B S M[②]（2017）	1. 场地条件：自然环境条件，地震，洪水，意外天气，项目位置（城市、乡村），访问条件，安全要求和规定； 2. 资源条件：劳动力（劳工技能水平、生产率、工作时间限制）、设备（设备质量、设备故障、维修）、材料（材料储存、损坏、盗窃，材料不合格）； 3. 发包人（经营策略、组织结构、工作/劳工许可证）、设计方（设计错误、设计的复杂性、项目目标）、承包人（资质、新技术、工作不良、重工、分包数量、社会声誉）； 4. 项目自身：资金种类、价格波动、发票延迟、汇率波动、利率、税率、进度款支付、发包方财务能力； 5. 政治：腐败、法律法规变化

根据表中的文献识别出的影响因素，经过分析筛选，去掉重复因素，合并意思相近因素，得出具体因素，如表 4-2 所示。

表 4-2 具体影响因素

序号	影响因素	序号	影响因素
1	法律法规及政策变化	4	预算外工程量偏差大
2	工程变更频繁	5	工程量清单错漏缺项
3	物价大幅波动	6	不可抗力

① 傅强生．建筑工程施工风险管理对策分析［J］．工程技术研究，2017（12）：141+157.

② EL-KARIM A A B S M，NAWAWY E M A O，ABDEL-ALIM M A. Identification and assessment of risk factors affecting construction projects［J］. HBRC Journal，2017，13（2）：203-216.

续表

序号	影响因素	序号	影响因素
7	建设、监理方不当干涉	23	环保、安全制度的限制
8	设计深度、质量不足	24	工艺技术不当
9	图纸有误、提供不及时	25	合同条款不公
10	工程质量缺陷	26	工程范围不明确
11	施工组织协调不当	27	结算工程资料不完整
12	施工现场条件变化	28	财务凭证不规范
13	政府行为的干预	29	建设单位、承包人资金不足
14	合同类型的限制	30	机会主义行为
15	合同条款模糊，有歧义	31	停工盘点不及时，损失扩大
16	安全管理不到位	32	自然灾害
17	工期延误	33	变更管理不规范
18	各方沟通不足，信息传达不及时	34	合同管理意识、能力不足
19	管理者和工人能力不足、缺乏经验	35	借贷款利率、税率变化
20	不按时拨付工程款	36	治安、公众干预
21	合同条款歧义	37	承包商资质不够
22	施工报建手续、证照不全		

4.4.2 基于案例分析的研究

作者收集了中国裁判文书网中的 100 个案例，仔细阅读并找出争议焦点，进而归纳出案例中导致合同对价纠纷的影响因素。以案例 1 为例，案例分析过程如表 4-3 所示。

表 4-3 案例分析过程

案例	争议焦点	影响因素
1	工程施工总承包合同、项目施工委托书、建设工程施工合同、劳务班组分包合同的效力及实际履行情况	非法转包、无施工资质
	2015 年 6 月 2 日的结算协议的效力	多次承诺

续表

案例	争议焦点	影响因素
1	应参照哪份合同支付工程价款	多份协议
	已完成的涉案工程造价及已付工程款数额如何确定	未启动司法鉴定

作者通过这样的分析过程对收集的 100 个案例中的对价纠纷影响因素进行识别筛选，得出争议的主要影响因素，如表 4-4 所示。

表 4-4　合同对价纠纷影响因素（案例）

序号	影响因素	出现次数
1	利息问题	83
2	工程款结算问题（结算条件、依据等）	81
3	工程款数额认定	80
4	拖欠工程款	76
5	合同及相关协议效力	50
6	损失赔偿数额	46
7	优先受偿权	40
8	检测鉴定结果争议	40
9	违约金问题	37
10	工程保证金问题	36
11	工程质量争议	35
12	工程造价争议	34
13	违法分包、非法转包、挂靠、肢解发包	29
14	竣工结算问题（手续、资料不全等）	27
15	工程逾期	27
16	第三方连带支付工程款问题	25
17	图纸有误、工程变更、工程量变化	19
18	工程款支付条件是否达成	14
19	合同解除争议	14
20	承包人垫资	13
21	机会主义行为	12

续表

序号	影响因素	出现次数
22	工程款抵扣问题	12
23	实际施工人认定	11
24	工程质量整改修复费用承担	9
25	承包人资质不足	5
26	工程资料问题（管理不规范、伪造文书签章等）	4
27	工程款支付主体	4
28	民工工资未发放	4
29	工程款优惠、奖励问题	4
30	罚款问题（承担主体、计算方式等）	3
31	政府行为	2
32	人事变动、任职资格	2
33	政策变化	2
34	证照、手续不全	2
35	中途变更投资方或施工人	1
36	外委工程争议	1
37	实际发包人问题（开发人、所有人、发包人不同）	1
38	不作为、不配合，态度消极	1
39	工程交付时间	1
40	自然灾害	1
41	留置工地	1

4.5 指标体系构建

分析通过文献和案例识别出的对价纠纷影响因素可以看出，基于文献识别出的因素均为具体因素，基于案例识别出的因素，除具体因素外，所占频率高的因素还包括利息问题、工程款数额认定、损失赔偿数额等直接体现对价纠纷的因素。文献的研究一般做的是理论研究，追本溯源寻找对价纠纷的具体影响因素，而在裁判案例中，双方在采用诉讼这样一种终局性的解决方式时，将遇到的其他纠纷都量化为对价纠纷，因此会有一定的差异。本书通过综合分析，结合合同价款纠纷产生的原理，将识别出的因素分为环境因素、合同主体因素、工程项目因素、合同自身因素四个方面，将通过文献和案例识别出的因素中的意思相近的因素合并，不考虑通过案例识别出的频率较小的因素，总结得出各因素的具体内容。

(1) 环境因素包括自然环境、经济环境、法律环境、社会环境。自然环境包括施工现场条件变化、自然灾害、环境气候变化；经济环境包括物价波动，借贷利率、税率变化；法律环境包括法律法规、政策变化，政府的不当干涉；社会环境包括治安水平变化、公众干涉。

(2) 合同主体因素包括双方的法治意识、机会主义行为、财务状况、沟通协调能力、组织管理水平。

(3) 工程项目因素包括工程量、工程质量、工程技术、工程进度、工程验收结算、工程停工问题、优先受偿权问题、工程范围。

(4) 合同自身因素包括合同效力、合同管理水平、合同内容。

合同对价纠纷的影响因素指标如表 4-5 所示。

表 4-5　合同对价纠纷的影响因素指标

因素	内容	
环境因素	自然环境	自然灾害、环境气候变化
		施工现场条件变化
	经济环境	物价波动
		借贷利率、税率变化
	法律环境	法律法规、政策变化
		政府的不当干涉
	社会环境	治安水平变化
		公众干预
合同主体因素	法治意识	签订阴阳合同
		违法分包、非法转包、挂靠、肢解分包等
		施工证照手续不全，强行开工

续表

因素	内容	
合同主体因素	机会主义行为	擅自停工
		删除部分工程，另行分包
		施工过程偷工减料
		无故拖欠工程款
		弄虚作假，伪造文书签章
	财务状态	发包人资金不足
		承包人垫资、资金周转困难
	沟通协调能力	不履行通知义务
		信息、工作要求传达模糊
		组织协调不力
	组织管理水平	管理人员素质不高
		变更管理不规范、签证瑕疵
		关系人情干扰
		财务凭证缺失或不规范
		安全意识、措施不到位
		工程过程资料缺失或不规范
工程项目因素	工程量	多次变更工程
		预算外工程量过多
	工程质量	工程质量缺陷
		标准变化
	工程技术	工艺落后
		技术难度大
		工人操作不当
	工程进度	进度安排不合理
		工程逾期
	工程验收结算	手续、资料不全
	工程停工问题	停工后对已完工程、现场情况盘点不及时
	优先受偿权问题	主体、期限、范围争议
	工程范围	约定范围与实际施工范围不一致

续表

因素	内容	
合同自身因素	合同效力	违反法律法规无效、违约解除
	合同管理水平	合同管理能力、意识不足
	合同内容	合同类型选择不当、条款模糊、有漏洞
		合同描述有歧义
		工程量清单错漏、提供图纸有误

第 5 章
不完全施工合同定价机制

本章通过数据收集，运用结构方程模型对上一章整理的影响因素进行实证检验，对具体因素在实际工程中对合同对价纠纷的影响路径、影响程度做进一步解读。

5.1 结构方程模型

5.1.1 模型原理

结构方程模型是高等统计中多变量统计的方法之一，其将因素分析和路径分析整合成一种形式，可以在一个模型中探究显性变量、误差变量、潜在变量的关系，得出自变量对因变量的影响效果以及作用路径[①]。具体来讲，结构方程模型包括测量模型与结构模型两个部分。测量模型由观测变量和潜在变量构成，观测变量是潜在变量的外在观测指标，用来衡量潜在变量。结构模型表示潜在变量之间的关系。结构方程模型的表达式如下：

$$X = \Lambda_X \xi + \delta,\ Y = \Lambda_Y \eta + \varepsilon \tag{5-1}$$

$$\eta = B\eta + \Gamma\xi + \zeta \tag{5-2}$$

式中：Λ_X——指标变量 X 的因素负荷量；

Λ_Y——指标变量 Y 的因素负荷量；

δ，ε——测量误差；

ξ——外因潜变量；

η——内因潜变量；

B——内因潜变量之间的关系；

Γ——外因潜变量与内因潜变量的关系；

ζ——残差项。

---

① 吴明隆．结构方程模型：SIMPLIS的应用［M］．重庆：重庆大学出版社，2012.

5.1.2　模型求解步骤

结构方程模型分析的主要逻辑：首先根据已有研究成果，结合自身研究目的，分析得出各变量之间的关系，得到基本模型；然后根据观测变量的数据计算各变量之间的协方差矩阵；最后与基本模型进行拟合，拟合指标良好表示基本模型得到验证，否则要对基本模型进行修正，修正后仍达不到拟合标准时要重构模型。模型求解包括以下步骤[①]。

1. 模型设定

根据研究的依据（理论或实证的数据等）确定模型中的变量，对变量之间的关系做出假设，形成概念模型。

2. 模型辨识

模型辨识的主要目的是确定能否根据收集的数据确认参数的单一值，判别设定的模型是否可以采用 T 法则、两步法则等。

3. 模型拟合

将调查得到的样本数据代入模型求解，对模型的参数进行估计。

4. 模型评估

模型求解后，对模型的参数是否有效进行评估，用不同的指标综合判断模型的质量以及对理论模型的支持程度。

5. 模型修正

对于评估不通过的模型，结合理论基础和数据指引进一步修正模型，获得更好的拟合度。

---

① 王卫东．结构方程模型原理与应用［M］．北京：中国人民大学出版社，2010.

6. 模型解释

对模型得到的结果进行解读，根据计算得到的路径系数等进一步分析明确变量之间的关系。

结构方程模型分析步骤如图 5-1 所示。

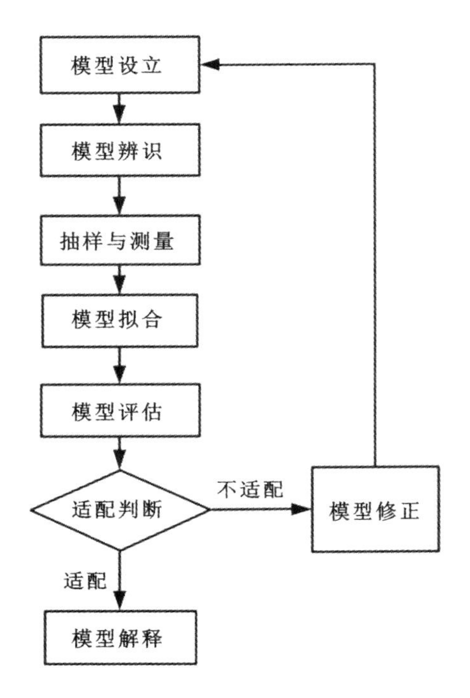

图 5-1　结构方程模型分析步骤

结合不完全施工合同，本书将结构方程模型应用于合同对价纠纷的影响因素的分析研究，具体实施步骤如下。

(1) 根据第 4 章的分析，以改进的基于经济分析法学的风险分配方案为基础，以析出的影响因素指标体系为依据，设定结构方程模型理论形式。

(2) 以问卷调查的形式收集样本数据，得到检验所需实证数据，对数据进行处理得到协方差矩阵，用于模型拟合。

(3) 用 Lisrel 软件求解结构模型，将数据导入软件，根据输出结果查看模型拟合度是否良好；如果参数指标没有达到要求，继续对模型进行修正。

（4）根据结果得出影响因素的路径系数、影响程度，进一步分析影响因素。

5.2　合同对价指标与变量设定

5.2.1　合同对价终端指标选择

风险分配的结果体现在合同对价的均衡，但合同对价是一种相对抽象的概念，需要通过一些指标进行观测。通过对表 4-4 中的对裁判文书网上的案例的统计数据进行分析，我们选取以下四个指标衡量合同对价。

1. 工程款认定

在 100 个案例中，有关工程款的争议出现了 80 次，这表明在风险分配中对合同对价的认定集中体现在工程款的认定上。施工合同目标是在均衡对待给付的基础上实现协同的，在此条件下，发包人和承包人才有可能就风险分配达成合意。鉴于合同当事人的谈判能力、谈判地位等有差异，前述合意均衡可能是不稳定的均衡，可能产生工程款认定争议，包括但不限于工程垫资、代付款、借款、实物抵扣等。

2. 衍生利息

衍生利息因拖欠工程款、垫资、借款、担保等产生，是一种让渡资产使用权成本，体现了当事人对资金时间价值的判断和风险程度的估计。它本身就是一种合同风险分配形式，也是风险分配的对待给付结果。衍生利息争议在我们统计的纠纷案例中占比较大。

3. 工程担保

为降低当事人的机会主义风险，消除信息不对称带来的效率损失，施工合同往往需要投标担保、履约担保、工程款支付担保、质量担保等各种形式的担保。这种基于对抗制的抗辩担保，强化了机会主义的威胁性和违反合同的非诉强制性。

4. 违约损害赔偿

根据霍姆斯的合同冒险论，合同的全部意义在于它的外在性和形式性。对于合同中的有效允诺，法律干预是有边界的。当且仅当允诺无法实现时，带有强制力的法律会迫使允诺人支付损害赔偿。没有当事人的请求，法律不介入和干预合同，以维持合同最大自由度。因此，当事人有缔约的自由，也有违约的自由。正因如此，霍姆斯认为不论是对允诺人还是受诺人，合同都是一种冒险。然而，违约无关道德和动机，只关乎法律，违约责任也仅是一种风险分配方式，不具有制裁性。

5.2.2 模型变量设定

根据前文的研究总结，合同对价影响因素为环境因素、合同主体因素、工程项目因素、合同自身因素四个方面。环境因素的观测变量为自然环境、社会环境、经济环境、法律环境，合同主体因素的观测变量为法治意识、机会主义、财务状态、沟通协调、组织管理，工程项目因素的观测变量为工程量、工程技术、工程进度、工程质量、工程验收结算、工程停工、工程范围、优先受偿权，合同自身因素的观测变量为合同效力、合同内容、合同管理。合同对价纠纷为内因潜变量，其观测变量为工程款认定、衍生利息、工程担保、违约损害赔偿，如表 5-1 所示。

表 5-1 结构方程模型变量设定

潜在变量	序号	观测变量
环境因素	A1	自然环境
	A2	社会环境
	A3	经济环境
	A4	法律环境

续表

潜在变量	序号	观测变量
合同主体因素	B5	法治意识
	B6	机会主义
	B7	财务状态
	B8	沟通协调
	B9	组织管理
工程项目因素	C10	工程量
	C11	工程技术
	C12	工程进度
	C13	工程质量
	C14	工程验收结算
	C15	工程停工
	C16	工程范围
	C17	优先受偿权
合同自身因素	D18	合同效力
	D19	合同内容
	D20	合同管理
合同对价纠纷	E21	工程款认定
	E22	衍生利息
	E23	工程担保
	E24	违约损害赔偿

5.3　结构方程模型构建

模型的变量确定后，选择常用的路径图方式构建结构方程模型，通过路径图使所有变量之间的关系一目了然。因此，根据第2章的理论分析以及本章的观测变量、潜在变量的设定，提出下列假设。

H1：环境因素对合同对价纠纷有显著正向影响。

H2：合同主体因素对合同对价纠纷有显著正向影响。

H3：工程项目因素对合同对价纠纷有显著正向影响。

H4：合同自身因素对合同对价纠纷有显著正向影响。

根据上述四个假设以及相关变量的关系，构建结构议程模型路径，如图 5-2 所示。

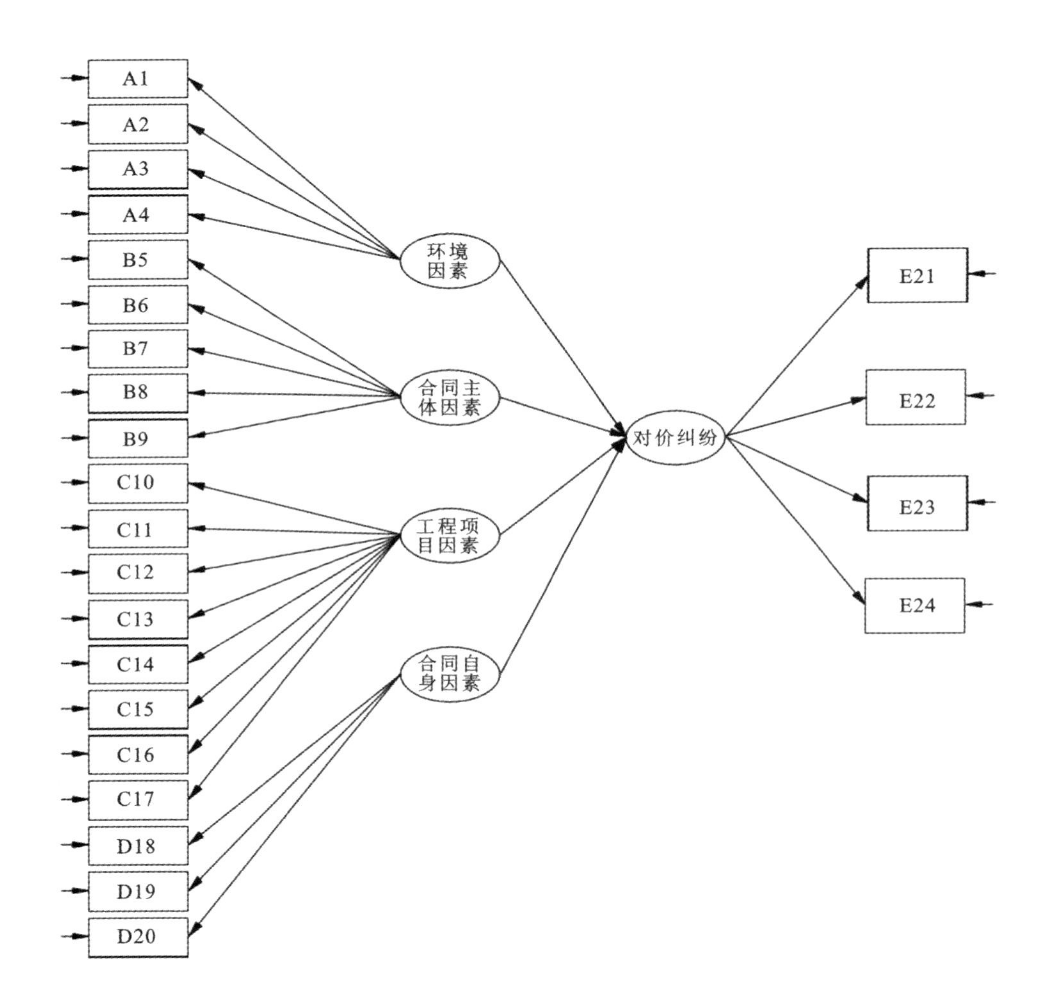

图 5-2　结构方程模型路径

5.4 数据采集与处理

5.4.1 问卷设计

问卷主要是为了调查不同影响因素对纠纷的影响程度，对数据进行量化分析。本书采用常用的李克特五级量表的测度形式，将环境因素、合同主体因素、工程项目因素、合同自身因素涉及的20个观测变量，以及合同对价纠纷的观测变量进行量化，请工程项目管理人员打分，根据回收的数据进行结构方程分析。

设计问卷时，应遵循问卷设计的原则，得到初步问卷，然后进行试答，根据反馈结果进行修正，确定正式发放问卷。正式问卷包括两个部分。第一部分是对被调查者的信息进行收集，包括所在单位的属性、从事工程领域的工作年限、答题者的学历。第二部分是对各影响因素作用的测度量表，根据外因潜变量的20个观测变量以及内因潜变量的4个观测变量设置了24个问题。调查问卷见附录A。

5.4.2 数据的收集分析

被调查者为来自全国各地的工程项目管理人员。问卷主要通过网络发放，共回收210份问卷，经过筛选，发现有些问卷答案全部一样或只有一两个不一致，将其认定为无效问卷（共24份），剔除后回收有效问卷186份。

1. 样本分析

对问卷数据进行统计，被调查者的基本信息如表5-2所示。可以看出，单位类型中施工单位和建设单位占比大，两者占比相加接近80%。建设单位和施工单位是施工合同的主体，对实际施工过程中遇到的问题最熟悉，有较丰富的实践经验，可以保证问卷的可信度。从工作年限上来看，10年以上和3年以下的占比较小（10年以上的占比只有约6%），这与工程行业的独特工作环境有关，较少有人一直从事工程相关工作10年以上。被调查者的工作年限集中在3～10年，对工程有较深入的了解，对合同对价纠纷的影响因素把握得较为清晰。从学历上来看，本科的占比达76%，这说明我国建筑行业吸纳人才的能力不断增强，有更多高学历的人加入工程行业，这有助于行业的规范发展。就问卷研究而言，适当的知识储备更有利于理解问卷内容，能较高质量地完成问卷。总体来看，就样本而言，被调查者的学历、工作年限、工作单位都较符合问卷期待，这也保证了问卷内容的质量较高，符合研究所需。

表5-2　被调查者的基本信息

特征	分类	样本数	百分比
单位类型	咨询机构	17	9.14%
	施工单位	89	47.85%
	建设单位	59	31.72%
	科研机构及高校	12	6.45%
	政府单位	4	2.15%
	其他	5	2.69%
工作年限	3年以下	26	13.98%
	3～5年	102	54.84%
	6～10年	46	24.73%
	10年以上	12	6.45%
学历	专科及以下	18	9.68%
	本科	142	76.34%
	硕士	24	12.90%
	博士	2	1.08%

2. 信度分析

对于量表质量的高低，通常的做法是从信度和效度两个方面进行评价。

信度分析又可以称为可靠性分析，指变量能稳定地解释同一问题。通常采用 Cronbach's Alpha 系数对信度进行衡量，其计算公式如下：

$$\alpha = \frac{k}{k-1}\left(1 - \frac{\sum_{i=1}^{n} S_i^2}{S_x^2}\right) \tag{5-3}$$

式中：k——问卷的题目数量；

S_i^2——第 i 题的方差；

S_x^2——总分方差。

Cronbach's Alpha 系数为 0～1，系数越大越好，代表信度越高。一般认为系数在 0.65 以下就不再接受检验的结果；在 0.7 以上较好，表示数据是可信的。使用 SPSSAU 软件对问卷结果进行信度分析，结果表明 Cronbach's Alpha 系数为 0.917，说明样本数据属于高信度，如表 5-3 所示。

表 5-3　Cronbach's Alpha 系数计算结果表

研究变量	项数	Cronbach's Alpha 系数
环境因素	4	0.628
合同主体因素	5	0.731
工程项目因素	8	0.832
合同自身因素	3	0.722
合同对价纠纷	4	0.688
总体系数	24	0.917

3. 效度分析

效度是指变量对其所测量概念的反映程度，常见的效度包括内容效度、结构效度、效标效度。较好的效度分析方式就是采用因子分析法检测问卷的结构效度，一般根据 KMO（Kaiser-Meyer-Olkin）值和 Bartlett 球形检验的结果衡量结构效度。

KMO 值为 0～1，KMO 值在 0.8 以上表示结果良好，适合做因子分析，在 0.9 以上表示效果极好。本书使用 SPSSAU 软件进行因子分析，得到 KMO 值为 0.898，表示效度较好，适合做因子分析，如表 5-4 所示。

表 5-4　KMO 值与 Bartlett 检验结果

指标		数值
KMO 值		0.898
Bartlett 球形检验	近似卡方	1749.417
	df	276
	Sig.	0.000

5.5　SEM 模型的拟合与修正

5.5.1　模型拟合检验

经过对数据的处理分析可知，数据的信度和效度都满足结构方程模型分析的需求。本书采用 Lisrel 8.7 软件进行结构方程模型的拟合，将处理好的数据导入 Lisrel 软件，用 prelis 方式计算数据的协方差矩阵，然后将数据导入模型，运行软件得到结构模型运行结果，如图 5-3 所示。软件提示外因潜变量之间有共变关系，如图 5-4 所示。因此，将外因潜变量设置为有共变关系，然后运行软件，得到结构方程模型路径系数，如图 5-5 所示。

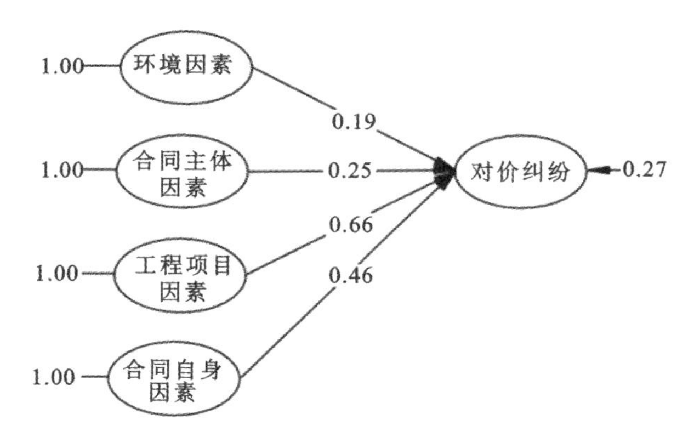

图 5-3　结构模型运行结果

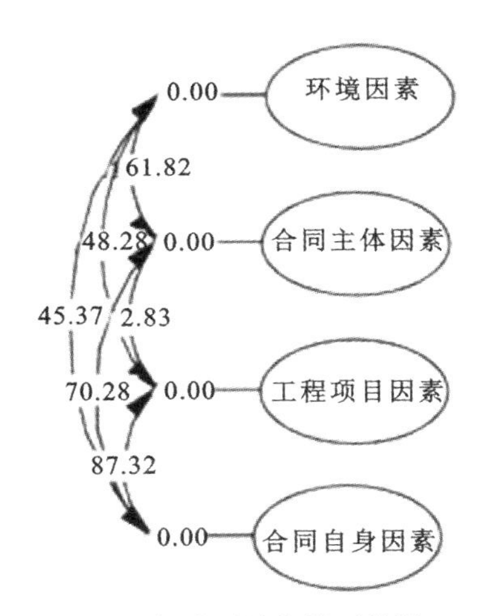

图 5-4　软件对结构模型的提示

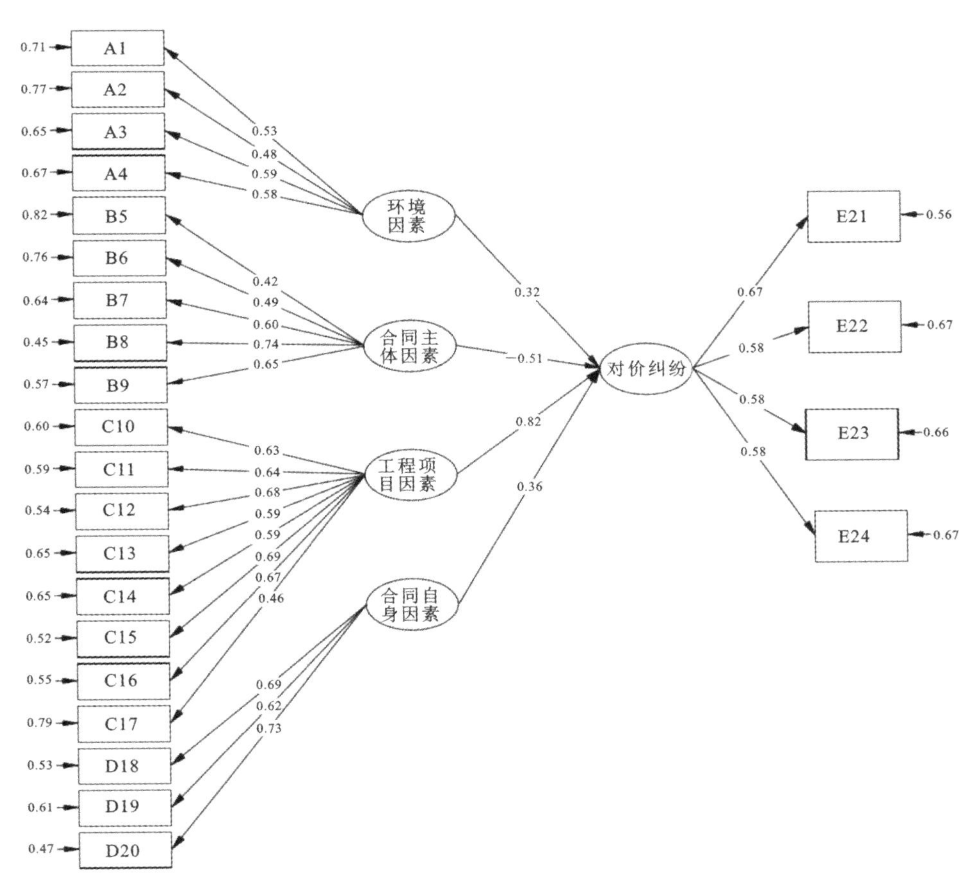

图 5-5　结构方程模型路径系数

根据软件输出的结果对模型进行评估：先对模型的基本适配度项目进行检验，包括是否出现负的误差变异量、因素负荷量是否为 0.5～0.95、是否有很大的标准误；然后对模型的整体适配指标进行评估 。由表 5-5 可知，多数标准回归系数为 0.5 以上。从表 5-6 中输出的各种拟合指标来看，三大项模型适配指标中有 9 项符合标准，有 4 项不符合标准，根据适配度指标过半的标准判断，此时模型的整体契合度是较好的。从合同主体因素→对价纠纷这一路径来看，标准回归系数为负数，即两者呈现负相关，这与实际逻辑不符（不会存在合同主体做得越差，对价纠纷越小的情形）。因此，需要对模型进行修正，使其更加符合实际情况。

表 5-5　标准回归系数（修正前）

路径			估计值	标准化值
对价纠纷	←	环境因素	0.32	0.32
对价纠纷	←	合同主体因素	−0.51	−0.51
对价纠纷	←	工程项目因素	0.82	0.82
对价纠纷	←	合同自身因素	0.36	0.36
A1	←	环境因素	0.55	0.53
A2	←	环境因素	0.46	0.48
A3	←	环境因素	0.46	0.59
A4	←	环境因素	0.51	0.58
B5	←	合同主体因素	0.36	0.42
B6	←	合同主体因素	0.43	0.49
B7	←	合同主体因素	0.46	0.60
B8	←	合同主体因素	0.70	0.74
B9	←	合同主体因素	0.56	0.65
C10	←	工程项目因素	0.58	0.63
C11	←	工程项目因素	0.56	0.64
C12	←	工程项目因素	0.63	0.68
C13	←	工程项目因素	0.41	0.59
C14	←	工程项目因素	0.52	0.59
C15	←	工程项目因素	0.61	0.69

续表

路径			估计值	标准化值
C16	←	工程项目因素	0.59	0.67
C17	←	工程项目因素	0.41	0.46
D18	←	合同自身因素	0.60	0.69
D19	←	合同自身因素	0.52	0.62
D20	←	合同自身因素	0.61	0.73
E21	←	对价纠纷	0.53	0.67
E22	←	对价纠纷	0.58	0.58
E23	←	对价纠纷	0.49	0.58
E24	←	对价纠纷	0.46	0.58

表5-6 模型适配度检验指标（修正前）

检验指标		初始模拟值	拟合标准	是否适配
绝对适配度	χ^2	463.85 ($P=0.000$)	$P>0.05$	否
	RMR	0.048	<0.05	是
	RMSEA	0.067	<0.08	是
	GFI	0.830	>0.9	否
	AGFI	0.790	>0.9	否
增值适配度	NFI	0.920	>0.9	是
	RFI	0.910	>0.9	是
	IFI	0.960	>0.9	是
	NNFI	0.950	>0.9	是
简约适配度	PGFI	0.670	>0.5	是
	PNFI	0.810	>0.5	是
	CN	119.100	>200	否
	自由度比	1.917	<3	是

5.5.2 模型修正

从前文的分析可以看出，构建的初始结构方程模型经拟合后呈现的逻辑关系与实际情形不符，需要对模型进行修正，修正以 T 值与 MI 值作为标准：根据软件的提示，由 T 值来判断，删除 T 值最小的合同主体因素→对价纠纷这一路径；根据软件的提示，找出最大的 MI 值，然后在相应变量之间增加一条路径，减小卡方。修正模型时，每次只修正一条路线。修正完成后，重新运行软件解析模型，根据输入的参数指标进行评估，看是否符合相应的标准。如果一次修正后，适配度评估仍不满足要求，则需要按照上述方式再次修正。修正时，除注重数据导向外，还要注重逻辑导向，即除了要根据软件的提示修改线路，还要对修改的路径是否符合现实逻辑的要求进行评估。本书的模型按照上述步骤修正 6 次后，模型的指标达到了较为合适的状态。模型路径图（修正后）如图 5-6 所示。结构模型图

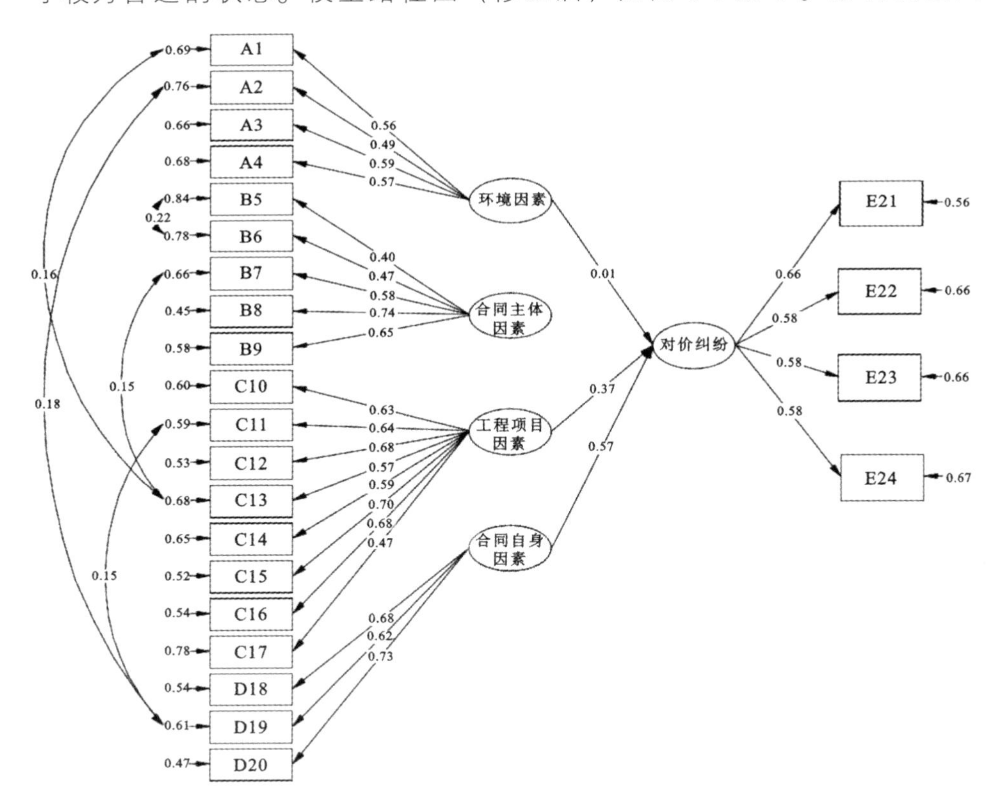

图 5-6 模型路径图（修正后）

（修正后）如图 5-7 所示。由表 5-7 可以看出，多数标准回归系数大于 0.5。从表 5-8 所示的整体适配度指标来看，一半以上的适配度指标达到了标准，说明模型的契合度较为理想。此时的模型是合理的，可以对理论假设进行检验。

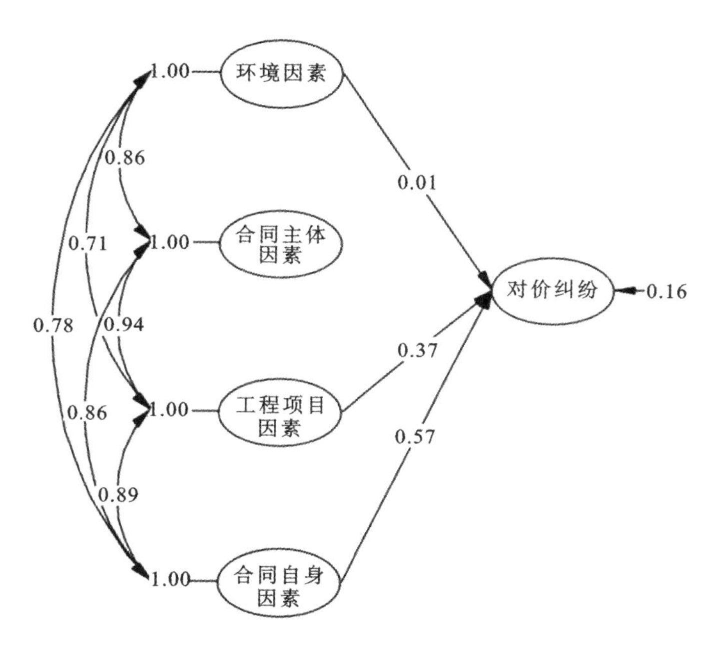

图 5-7　结构模型图（修正后）

表 5-7　标准回归系数（修正后）

路径			估计值	标准化值
对价纠纷	←	环境因素	0.01	0.01
对价纠纷	←	合同主体因素	—	—
对价纠纷	←	工程项目因素	0.37	0.37
对价纠纷	←	合同自身因素	0.57	0.57
A1	←	环境因素	0.57	0.56
A2	←	环境因素	0.47	0.49
A3	←	环境因素	0.46	0.59
A4	←	环境因素	0.51	0.57

续表

路径			估计值	标准化值
B5	←	合同主体因素	0.34	0.40
B6	←	合同主体因素	0.42	0.47
B7	←	合同主体因素	0.45	0.58
B8	←	合同主体因素	0.70	0.74
B9	←	合同主体因素	0.56	0.65
C10	←	工程项目因素	0.58	0.63
C11	←	工程项目因素	0.56	0.64
C12	←	工程项目因素	0.63	0.68
C13	←	工程项目因素	0.40	0.57
C14	←	工程项目因素	0.52	0.59
C15	←	工程项目因素	0.61	0.70
C16	←	工程项目因素	0.60	0.68
C17	←	工程项目因素	0.42	0.47
D18	←	合同自身因素	0.59	0.68
D19	←	合同自身因素	0.52	0.62
D20	←	合同自身因素	0.61	0.73
E21	←	对价纠纷	0.53	0.66
E22	←	对价纠纷	0.58	0.58
E23	←	对价纠纷	0.49	0.58
E24	←	对价纠纷	0.46	0.58

表 5-8　模型适配度检验指标（修正后）

检验指标		初始模拟值	拟合标准	是否适配
绝对适配度	χ^2	411.66 ($P=0.000$)	$P>0.05$	否
	RMR	0.046	<0.05	是
	RMSEA	0.057	<0.08	是
	GFI	0.85	>0.9	否
	AGFI	0.82	>0.9	否

续表

检验指标		初始模拟值	拟合标准	是否适配
增值适配度	NFI	0.93	>0.9	是
	RFI	0.92	>0.9	是
	IFI	0.97	>0.9	是
	NNFI	0.96	>0.9	是
简约适配度	PGFI	0.68	>0.5	是
	PNFI	0.80	>0.5	是
	CN	132.08	>200	否
	自由度比	1.73	<3	是

5.6　模型结果的解释与讨论

在经过修正后，确定最终的模型路径图，需要对模型的结果进行解释和讨论，看其在实际环境中的运用情形。从路径图反映的具体路径来看，我们对各具体因素进行如下分析。

5.6.1　合同主体因素

从图 5-5 和图 5-6 的对比可以明显发现，合同主体因素对对价纠纷的影响路径被删掉，这说明合同主体因素对对价纠纷没有直接影响，从直觉来讲似违背常理，但结合图 5-7 来看，合同主体因素对环境因素、工程项目因素、合同自身因素有影响，说明合同主体因素通过作用于其他三种因素间接对对价纠纷产生影响。对于这种情况，回到实际情形中讨论，要对合同主体因素的内涵进行解读。合同主体因素主要用来描述建设方与承包人的内部水平，包括财务能力、组织构建及管理水平、沟通协调能力、法治意识、诚信水平等。这些因素一般较难直接被大众观测到，是公司内部水平的体现。但这些因素对对价纠纷的影响是不容忽略的，通过作用于其他因素间接对对价纠纷产生影响。例如，当项目遇到特定情况而停工时，争议一般出现在对停工损失的赔偿及对已完工程造价、现场情况的盘点上，这是纠纷的直接体现，内部原因通常是双方的沟通协调不足、资金状况出现困难等。这种情况是合同主体因素作用于工程项目因素的体现。这种情况也提醒我们，此类问题很难通过直接的方式（如制定明确的制度标准进行强制干预）解决，更多是要通过规范建筑市场、提升企业管理水平、提升从业人员的整体素质等方式改善。

5.6.2 环境因素

环境因素对合同对价纠纷有正向影响，但是其总体影响程度较小。其中自然环境因素、经济环境因素、法律环境因素的影响程度较大，社会环境因素的影响较小。这不难理解，一般而言，项目实施的过程中，项目所处的环境产生较大变化的可能性小，因此产生的纠纷就少，但需要注意的是，环境因素一旦发生大的改变对项目的影响也将十分巨大，如营改增对项目税款的影响，自然灾害、疫情等对项目的影响。因此，虽然环境因素对对价纠纷的影响较小，但不可忽视。

5.6.3 工程项目因素

工程项目因素对对价纠纷的影响程度较大，各具体因素的路径系数大都在 0.5 以上。工程项目是最终成果的体现，其造成的纠纷都是双方的直接纠纷，包括对于工程质量的争议、工程是否逾期、工程量认定的不一致等。此类问题一般是项目进行过程中的常见问题，对对价纠纷有较大的影响。处理此类争议的关键在于事前要有详细的处理方案，通过合同的形式固定下来，并保证合同的效力。例如，对于工程量争议，通常来说当对工程量有较大分歧时，可以寻找第三方鉴定机构进行工程量鉴定，但常见的问题在于对鉴定机构、鉴定人员、鉴定依据、鉴定结果的效力仍有争议，如果能事前将这些问题在合同中进行规定（如规定对工程量有较大分歧，需要鉴定时，由双方事前指定的鉴定机构进行），能使双方对鉴定结果的效力不持有异议。

5.6.4 合同自身因素

合同自身因素对合同对价纠纷的影响程度最大，合同效力因素、合同内容因素、合同管理因素的路径系数分别为0.68、0.62、0.73。对于合同效力，在本书统计的100个案例中，涉及合同及相关协议效力问题的有50个。双方签订的合同常因违反法律法规的强制规定而被认定无效，如双方签订阴阳合同（一份用于备案，另一份用于实际执行）、未招先定、招标投标只为程序需要等情况。出现未招先定等情形时，合同在法律上是无效的，但是法院仍会根据签订的合同的相关条款进行判决；出现违法分包、非法转包等情形时，相应的合同理应无效，但在合同无效后，施工人仍可以要求发包人支付工程款。毫无疑问，这些情形是为了保护实际施工人利益不因合同无效而遭受损失，但从另一个方面来讲，这使关于合同效力的争议屡禁不止，非法转包、分包仍将长时间持续。法律是一种价值判断，保护实际施工人的利益也是保护更大的法益，这样问题的解决只能依赖法律体系的进一步完善。对于合同内容来讲，双方应尽可能完善合同的条款内容，不要用有歧义的词语、句子，应尽量使合同的风险分担公平；企业应当通过自身的法务部门或第三方律所对合同内容进行把控，避免法律风险。合同管理因素的路径系数为0.73，说明这个因素的影响程度最大。对于合同管理的能力，许多争议在前期刚产生时，可能由于人情因素而被人为压下，当引起的问题累加到一定的临界值时，双方的纠纷可能会更大，最后不得不借助于诉讼、仲裁等手段。因此，增加合同管理能力，对合同进行专门研究，令项目严格按照合同的要求进行能够有效减少纠纷。

第 6 章

基于承包人道德风险的履约障碍

中国建筑企业数量众多，在买方市场中，不同资质序列企业竞争日益激烈，加之同质化竞争加持，承包人的承包行为呈现异化趋势。未能及时有效解决承包人道德风险行为引发建设工程施工合同履行障碍是造成司法实践中合同纠纷发生的重要原因，所以研究分析承包人存在的道德风险行为及其溯源能为发包人在合同条款设计中提供思路。

6.1 道德风险研究进展

道德风险是20世纪70年代由美国经济学家提出的一个经济哲学范畴的概念，其最早起源于保险领域，而后逐渐发展至交易方在合同订立方面的研究。鉴于信息的不对称性和当事人的有限理性，一方当事人存在隐藏交易信息的行为，可能造成另一方当事人在合同订立后和合同履行中才能发现该隐藏信息。对于交易中普遍存在的道德风险，各国立法均给予了充分的关注。比如，对于主观上的欺诈、胁迫等基于非真实意思表示的行为，《民法典》赋予了另一方当事人法定撤销权。但是，对于非主观原因造成的信息缺损漏洞，如工程量清单漏项、暂估价项目问题，《建设工程工程量清单计价规范》（GB 50500—2013）、《建设工程施工合同（示范文本）》（GF—2017—0201）均做了补充性规定。由此可见，道德风险已经成为理论和实务界关注的焦点，而且正式制度安排也在试图寻求有效解决方案，消减可能引发的交易障碍和效率漏损。

6.1.1 道德风险成因

对于道德风险的成因，学界有不同的见解。学者们普遍认为，信息不对称是道德风险发生的重要原因，但对于其他诱因仍存在不同的观点。Cooper 等人[①]（1985）认为双方可能为追求自身利益最大化，利用对方无

① COOPER R，ROSS T. Product warranties and double moral hazard [J]. The RAND Journal of Economics，1985，16（1）：103-113.

法观察的信息做出道德风险行为。Williamson[①]（1979）认为资产专用性、不确定性和交易频率是契约交易的基本因素，交易双方可能通过“敲竹杠”实施违约行为。由此可见，道德风险行为内源于当事人的自利动机，外源于信息不对称、契约的不完全性以及法律规制缺失带来的机会。依据缔约自由与诚信原则，不完全契约本身并不会引发道德风险，只有在实施道德风险行为收益可证实的情形下，不完全契约才会因相应正式或非正式制度安排缺位而引发道德风险。在利润最大化动机下，信息不对称提供了机会主义行为契机，契约的不完备性准备了条件，从而诱发了机会主义行为。Zacks[②]（2014）认为在合同订立初期，信息分布不对称以及控制不均衡都会诱发合同主体的机会主义行为。Eisenkopf等人[③]（2014）提出由于技术条件等限制性因素，契约的不完全性会导致承包人的道德风险行为。张水波等人[④]（2015）构建合同控制性和协调性对承包人角色内、外的合作行为影响作用理论模型，指出信任因素可以作为中介在合同协调与合作行为中起到调节作用。王恩来[⑤]（2016）从项目治理合作的角度分析，指出业主方和承包方共同投入资源是互惠协作的前提，互惠协作的收益高于成本和机会主义收益是双方开展协作的内在动力，同时要重视互惠协作收益的分配对业主方和承包方合作行为的影响。齐雪晴[⑥]（2018）运用DEMATEL-ANP模型求解道德风险的六个主要原因，指出侥幸心理和信息不对称是引发道德风险的两个重要原因。王姚姚（2019）将道德风险的影响因素识别为信息分布的不对称、合同的不完备和可转换成本不平衡三大因素，并采用半结构化访谈补充道德风险影响因素，进而提出发包人与承包人的

---

① Williamson O E. Transaction-Cost economics: The governance of contractual relations [J]. Journal of Law and Economics, 1979, 22 (2): 233-261.

② ZACKS E A. The moral hazard of contract drafting [J]. Florida State University Law Review, 2014, 5 (4): 41-43.

③ EISENKOPF G, TEYSSIER S. Principal-agent and peer relationships tournaments [J]. Managerial & Decision Economics, 2014, 38 (33): 3017-3019.

④ 张水波，陈俊颖，胡振宇．工程合同对承包人合作行为的影响研究：信任的中介作用 [J]．工程管理学报，2015，29（4）：6-11.

⑤ 王恩来．公共工程项目治理中业主方和承包方协作行为博弈分析 [D]．成都：西南交通大学，2016.

⑥ 齐雪晴．PMC模式下业主面临的道德风险研究 [D]．成都：西华大学，2018.

风险分担与激励合同设计是约束承包人道德风险的主要方式。对于信息不对称与逐利动机会对道德风险的影响程度，李春友[①]（2018）指出，四种类型的利益相关者网络会诱发利益相关者不同强度的机会主义行为。对于如何解决道德风险带来的合作低效率，程帆[②]（2019）认为，激励合同能够有效解决当事人间目标函数的不一致性、信息非对称性，实现委托人与代理人之间的效率改进。史一可[③]（2021）认为，发包人与总承包人间信息不对称且目标不一致是诱发总承包人的机会主义行为的主要因素。Liu J等人[④]（2021）认为，大型项目技术创新的高度不确定性是道德风险行为发生的重要原因。从以上研究成果可以看出，大多数研究者以建设工程合同当事人的道德风险行为产生的原因作为分析问题的逻辑基础，还有部分研究者在此基础上尝试通过合理的激励机制设计来促使当事人合作，实现合同目标。

6.1.2 道德风险防范

针对建设工程合同主体在订立和履行中面临的机会主义行为，研究人员对不同交易主体间的决策行为进行研究。何旭东[⑤]（2011）基于项目主体理性人假设，运用项目发包人和监理之间的委托代理模型进行博弈分析，并引入公平偏好修正模型。李涛[⑥]（2014）建立公路工程项目发包人与监

---

① 李春友．利益相关者网络视角的复杂产品系统创新风险生成机理研究［D］．杭州：浙江工商大学，2018.

② 程帆，尹贻林，陈梦龙．基于承包商道德风险防范的激励合同构建研究［J］．项目管理技术，2019，17（9）：49-54.

③ 史一可．业主视角下的EPC项目动态绩效激励机制研究［D］．杭州：浙江大学，2021.

④ LIU J，MA G. Study on incentive and supervision mechanisms of technological innovation in megaprojects based on the principal-agent theory［J］. Engineering Construction and Architectural Management，2021，28（6）：1593-1614.

⑤ 何旭东．基于利益相关者理论的工程项目主体行为风险管理研究［D］．徐州：中国矿业大学，2011.

⑥ 李涛．基于双边道德风险的公路工程监理关系契约模型［J］．湘潭大学自然科学学报，2014，36（4）：110-116.

理间的双边道德风险关系契约模型。李欣欣[1]（2019）聚焦施工总承包企业与自有劳务间的管理者与执行者的关系，通过层次分析法、数据包络分析法，探究在项目实施过程中总承包人主动承担企业项目成本管理的激励措施。冯程等人[2]（2020）基于委托代理理论和激励理论研究总承包供应链参与方的决策行为，通过前后两期的相互制约关系减少道德风险损失。徐益[3]（2021）在两方博弈的基础上构建并分析政府-开发商-消费者的三方演化博弈模型，对同一系统中各主体的演化策略和均衡点稳定性进行定性研究。并分别进行纯策略状态和混合策略状态博弈演化的定量分析。

目前，对于道德风险相关机会主义行为防范的研究，并不局限于单一学科领域，也包括多学科交叉融合探究。税兵[4]（2011）指出中国的合同法局限于研究防范居间人的道德风险行为，对于抑制委托人的机会主义倾向的研究尚且不足，并提出可以在解释论层面探究与分析。刘强[5]（2015）从制度经济学角度，结合法律拟制理论，研究法律拟制、机会主义行为与知识产权制度的关系。程磊[6]（2017）综合运用经济学、管理学、法学和社会学的研究方法，系统研究民事诉讼中的机会主义行为。邢畅[7]（2017）建立正式契约对发承包双边道德风险的抑制博弈模型，指出发包人和承包人双边道德风险发生机制以及违约金的抑制作用。吴光东等人[8]（2018）

---

① 李欣欣．基于 AHP-DEA 模型的施工总承包企业项目成本管理激励研究［D］．南宁：广西大学，2019.

② 冯程，黄梅萍，张笑华，等．工程总承包供应链动态合作契约研究［J］．工程管理学报，2020，34（1）：60-64.

③ 徐益．基于系统动力学的装配式建筑政府激励策略博弈分析［D］．扬州：扬州大学，2021.

④ 税兵．居间合同中的双边道德风险——以“跳单”现象为例［J］．法学，2011（11）：85-92.

⑤ 刘强．法律拟制、机会主义行为与知识产权制度研究［J］．西部法学评论，2015（5）：1-10.

⑥ 程磊．民事诉讼中的机会主义行为研究［D］．北京：北京理工大学，2017.

⑦ 邢畅．建设项目双边道德风险正式与非正式控制研究［D］．大连：大连理工大学，2017.

⑧ 吴光东，杨慧琳．基于演化博弈的建设项目承包商道德风险及防范机制［J］．科技进步与对策，2018，35（24）：56-63.

基于演化博弈理论，分别探讨在激励机制、惩罚机制以及双重组合机制下，承包人道德风险行为的演化路径。陈起阳[①]（2019）认为，信息非对称等因素会使合同缔约产生漏洞，需要通过法律介入进行弥补。石佳友等人[②]（2019）认为，明确违约方申请解除合同权的严格要件，能避免道德风险和投机主义行为，减少社会成本与资源浪费。王俐智[③]（2021）认为在权利主体的"限制"方面，债权人解除合同模式会产生逆向激励，导致债权人的机会主义行为；债务人解除合同模式能激励双方及时行使权利，破解合同僵局，实现效益最大化。针对建设工程挂靠现象，章玉萍[④]（2021）提出保障工程质量的法律规制路径。部分学者构建道德风险行为指标体系，结合实际案例进行评价结果验证。房颖[⑤]（2018）建立工程项目利益相关者道德风险评价指标体系，构建道德风险评价模型并将模型运用于实际案例分析。张平等人[⑥]（2020）建立项目经理道德风险的评价指标体系，结合实际工程项目验证模型，认为基于非线性模糊综合评价法得出的结论符合实际情况。戴国红[⑦]（2020）基于文献研究与裁判文书，初步识别机会主义行为并对其进行总结归纳，建立机会主义行为评价指标体系。

通过梳理相关文献，我们发现，在建设工程领域，道德风险研究主要涉及道德风险产生的原因及防范措施。道德风险行为产生的原因的研究，主要有以下两个方面的特点：第一，以发包人与承包人的委托代理关系作为研究基础，指出委托人与代理人之间信息不对称是产生双边或者单边道

---

① 陈起阳．合同漏洞填补研究［D］．长春：吉林大学，2019.

② 石佳友，高郦梅．违约方申请解除合同权：争议与回应［J］．比较法研究，2019（6）：36-52.

③ 王俐智．合同僵局解除权的"限制"与"扩张"［J］．地方立法研究，2021，6（4）：71-87.

④ 章玉萍．建设工程挂靠规制之路径［J］．人民司法，2021（28）：76-81.

⑤ 房颖．基于业主方视角的复杂工程项目全寿命周期行为风险评价［D］．烟台：山东工商学院，2018.

⑥ 张平，马力．项目经理道德风险评价研究——以建筑施工企业为例［J］．建筑经济，2020，41（2）：15-20.

⑦ 戴国红．建设工程交易中机会主义行为识别及治理研究［D］．南京：东南大学，2020.

德风险行为的主要原因；第二，主要通过文献研究、半结构访谈等研究方法，对道德风险行为的影响因素进行总结。道德风险属于事后机会主义行为，针对承包人道德风险行为的相关研究尚缺少相关司法判例分析。在道德风险防范方面，有的学者通过构建指标体系，并通过实际案例验证，给出相应的防范措施，但是，对于不同专业建设项目而言，这些研究结论是否具有普适性则有待商榷；有些学者通过建立行为决策模型，就发包人在监督、激励承包人合作行为等方面提出相应的建议。同时，我们发现，有关新制度经济学视角，结合正式制度安排与非正式制度安排，防范道德风险行为的研究较少。

本章旨在通过文献研究、施工合同范本、司法判例识别道德风险行为，并对其进行溯源。针对近年来在司法实践过程中的建设工程施工合同纠纷判例，本章运用统计分析方法对其中的道德风险行为进行描述，使其更贴近现实情形。

6.2　无道德风险行为的履约状态

合同状态主要由合同初始状态、合同理想状态、合同现实状态与合同目标状态四个方面构成。其内在含义是综合合同文件、环境、实施方案、合同价格四个要素，它代表发包人与承包人在签约时就工程项目目标达成一致意见。履约状态是指合同在约定周期内履行过程中的状态合集。在发包人的视角下，承包人能够按照合同的规定履行自身义务，包括项目造价、工期、质量等工程项目目标不断趋于合同理想状态的实现。这个理想状态是双方当事人在合同订立初期协商推演形成的结果，但如果在履约过程中，由于建设工程本身的复杂性或环境变化等不确定因素的干扰，造成合同状态偏离设计轨道，发包人与承包人应能够及时发现症结所在，并通过谈判等方式理性面对，合理调整这个变化过程，即实现无道德风险行为履约状态。如图6-1所示，在无第三人或者不可抗力因素干扰的情形下，只要承包人不采取机会主义行为，合同履行即可达到既定理想目标。但是，这种情形并非常见。若存在干扰因素或者承包人采取了道德风险行为，合同初始静态平衡即被打破，处于失衡状态，此时发包人和承包人需要通过再谈判使合同处于新的理想状态。在履行合同时，该过程可能重复发生，不断修正，直至合同完成。但是，此时合同终点目标状态与上述无干扰情形下的目标状态已经有所偏差。不过，这也正是建设工程合同的不全性预期履行的结果，符合合同履行的现实。

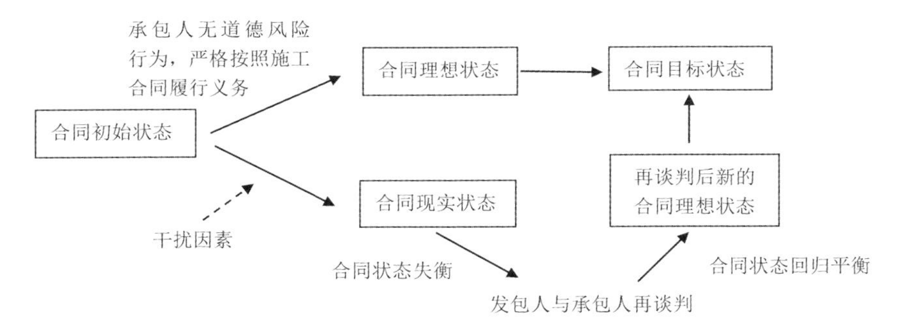

图 6-1 无道德风险行为履约状态示意图

6.3 承包人的道德风险行为识别

为了更全面和系统地定义承包人的道德风险行为，本书采用文献分析、合同示范文本分析、司法判例分析的方法，分别对承包人的道德风险行为进行识别。

6.3.1 基于文献研究的道德风险行为识别

我们以“道德风险”“承包人行为”“机会主义行为”为主题关键词，在中国知网筛选文献，选取相关度较高的文献认真阅读，对“触发承包人道德风险行为描述”及“可能出现危害结果”进行总结。如表 6-1 所示，近年来，可能触发道德风险的行为有十大类，涉及信息不对称、合同风险分配与对价不相称、合同存在漏洞、业务水平低等内容，造成的后果可能是工程质量失控、合同约束失效、建筑市场失序等。

表 6-1　基于文献研究的道德风险行为描述及危害结果预测

序号	触发承包人道德风险行为描述	可能出现的危害结果	文献来源
1	承包人具备丰富的施工经验，利用更多的工程项目信息，采取不平衡报价谋求利益，要求变更、索赔	易出现豆腐渣工程，有损建筑市场良性发展	郑霞忠等[①] (2021)
2	发包人的风险分担条款不合理，导致超出承包人自身承受范围而采取降低工程质量或者高价索赔的做法	承包人事后得到的结果与合同参照点不一致，触发负向参照点效应，造成项目履约绩效折损	尹志军等[②] (2021)
3	承包人利用合同漏洞需要再谈判时产生事后机会主义行为	合同柔性利用不当	严玲等[③] (2021)
4	承包人技术水平不够，在工程中出现不规范的操作	增加风险发生概率	黄中伟[④] (2021)
5	低价中标后，承包人为了保证自己的利润，在施工阶段采取不正当手段减少工程成本	发包人有较高的监督成本、再谈判成本，有损合同效率	王姚姚[⑤] (2019)

---

① 郑霞忠，王爽，晋良海，等．关系冲突对承包人履约行为的影响——关系治理的调节作用［J］．土木工程与管理学报，2021，38（2）：17-23.

② 尹志军，汤建东，赵文静，等．社会偏好视角下合同风险分担条款诱导承包人尽善履约行为的机理研究［J］．工程管理学报，2021，35（1）：113-118.

③ 严玲，郭亮，宁延，等．合同柔性对承包人履约行为的激励作用研究：以信息透明度为调节变量［J］．管理评论，2021，33（10）：222-236.

④ 黄中伟．EPC 工程总承包项目管理模式及其风险研究——以妈祖健康城医疗教育基地工程为例［J］．工程技术研究，2021，6（20）：265-266.

⑤ 王姚姚．基于承包商道德风险防范的激励合同研究［D］．天津：天津理工大学，2019.

续表

序号	触发承包人道德风险行为描述	可能出现的危害结果	文献来源
6	承包人粗制滥造，工程质量差，威胁人身安全	建筑市场信用缺失	吴光东等①（2018）
7	承包人利用自身的信息与经验优势获得更多合同外的超额收益	不利于发包人与承包人长期合作	严玲等②（2018）
8	发包人将超支成本转嫁给承包人，引发承包人的事前道德风险	建设工程项目效率降低	石磊等③（2017）
9	承包人利用信息不对称的专业优势违背合约	合约控制功能对承包人角色外行为并无显著影响	姜新宽等④（2016）
10	利用发包人提供招标文件的疏漏采取不平衡报价扭曲施工合同初始状态	投资失控，阻碍项目管理绩效持续改善进程	尹贻林等⑤（2014）

6.3.2 基于合同范本的道德风险行为识别

在我国，《建设工程施工合同（示范文本）》（GF—2017—0201）［以下简称《合同（示范文本）》］被发包人和承包人广泛选用，所以本书选

① 吴光东，杨慧琳．基于演化博弈的建设项目承包商道德风险及防范机制［J］．科技进步与对策，2018，35（24）：56-63.

② 严玲，王智秀，邓娇娇．建设项目承包人履约行为的结构维度与测量研究——基于契约参照点理论［J］．土木工程学报，2018，51（8）：105-117.

③ 石磊，邢畅，戴大双．建设工程合同双边道德风险问题研究［J］．工程管理学报，2017，31（1）：123-128.

④ 姜新宽，唐吟秋，陈勇强．合约控制功能对承包商合作行为影响研究：业主权力的调节作用［J］．工程管理学报，2016，30（4）：1-6.

⑤ 尹贻林，徐志超，邱艳．公共项目中承包商机会主义行为应对的演化博弈研究［J］．土木工程学报，2014，47（6）：138-144.

择其为研究对象进行剖析。《合同（示范文本）》由合同协议书、通用合同条款和专用合同条款三部分构成，如表 6-2 所示。其主要适用于建设工程施工合同的约定，双方当事人可依据《合同（示范文本）》规定彼此可行使的权利与承担的义务。《合同（示范文本）》为格式合同，能够在一定程度上弥补合同漏洞，对自由合同效率进行补充，有效降低合同交易成本。《合同（示范文本）》中的通用合同条款是闭口格式条款，专用合同条款是敞口格式条款，给合同订立、履行和再谈判留下了弹性空间。常见的格式合同条款除具有不可变动性的格式条款外，也包含可再谈判的内容。之所以有这样的合同条款设计，一方面是由于发包人和承包人的有限理性，使双方当事人在合同签订时无法预料在履约过程中出现的所有情形；另一方面是即便考虑到后续可能发生的问题，若将全部的解决方案载入合同，势必造成交易成本的大幅提升，这对于合同本身是无效率的。通用合同条款将《民法典》《建筑法》《建设工程质量管理条例》等法律法规嵌入合同条款，在合法性原则的前提下，降低了当事人合同订立成本，提高了缔约效率。

表 6-2　《合同（示范文本）》的组成

组成部分	合同协议书	通用合同条款	专用合同条款
内容	工程概况、合同工期、质量标准、签约合同价与合同价格形式、项目经理、合同文件构成、承诺、词语含义、签订时间、签订地点、补充协议、合同生效、合同份数	根据《民法典》《建筑法》等法律法规，具体包括一般约定，发包人，承包人，监理人，工程质量，安全文明施工与环境保护，工期和进度，材料与设备，试验与检验，变更，价格调整，合同价格、计量与支付，验收和工程试车，竣工结算，缺陷责任与保修，违约，不可抗力，保险，索赔，争议解决	其作用是对通用合同条款进行细化、补充、变更。专用合同条款要与通用合同条款对应，避免乱序。可增减、修正专用合同条款；若无修改，需要标记“无”或“/”

表 6-3 列出了《合同（示范文本）》常出现的八类承包人违约的情形。与此对应，《民法典》“合同”编、《最高人民法院关于审理建设工程施工合同纠纷案件适用法律问题的解释（一）》[以下简称《司法解释（一）》]

中的条款，对承包人可能会出现的道德风险行为有一定的约束与规制作用，但《合同（示范文本）》中的通用合同条款仍存在某些局限性。例如，当某建设工程项目采取招标发包形式发包时，为了谋取中标，投标人可能采取低价竞标策略，甚至使投标报价低于工程成本。在履约过程中，承包人出于生存动机，便会滋生偷工减料、以次充好和“敲竹杠”等机会主义行为。这些行为有些是外显的，需要双方通过再谈判进行修正。很显然，基于再谈判的合同补充是合同效率漏损的重要根源。另外，对于偷工减料等隐蔽机会主义行为，存在一个被发现的概率问题，因此承包人一般进行成本收益权衡，可能对发包人造成一定损失。虽然《合同（示范文本）》对承包人部分道德风险行为做了违约的界定，但是这种补充对防范承包人道德风险仍然是不完全的。

表 6-3 《合同（示范文本）》中承包人的违约情形及对应的法律规定/司法解释

序号	《合同（示范文本）》规定的违约情形	法律规定/司法解释
1	承包人违反合同约定进行转包或违法分包	《民法典》第一百五十三条、七百九十一条
2	承包人违反合同约定采购和使用不合格的材料和工程设备	《司法解释（一）》第十三条
3	承包人原因导致工程质量不符合合同要求	《民法典》第八百零二条、《司法解释（一）》第十一条至十四条
4	承包人违反《合同（示范文本）》第8.9款（材料与设备专用要求）的约定，未经批准，私自将已按照合同约定进入施工现场的材料或设备撤离施工现场	《民法典》第七条
5	承包人未能按施工进度计划及时完成合同约定的工作，造成工期延误	《司法解释（一）》第八条、第九条、第十条
6	承包人在缺陷责任期及保修期内，未能在合理期限内对工程缺陷进行修复，或拒绝按发包人的要求进行修复	《司法解释（一）》第十四条

续表

序号	《合同（示范文本）》规定的违约情形	法律规定/司法解释
7	承包人明确表示或者以其行为表明不履行合同主要义务	《民法典》第六第、第七条
8	承包人未能按照合同约定履行其他义务	《民法典》第七条

在上述承包人可能出现的常见违约情形中，违法分包、转包行为是一种实质性违约行为，会触发发包人法定解除合同的条件。同时，违法分包、转包行为违反了强制性行政管理法律法规，当事人面临着行政责任风险。不过，如果该行为成本没有足够的震慑性，那么法律法规作为一种正式制度安排，在经济上是低效的。其他七种情形都是一般违约行为，当事人既可以通过自力救济来予以弥补，又可以寻求他力救济予以规制。这里也存在一个问题：即使承包人的违约行为被矫正，但是其违约行为并未使其变得更糟糕，那么合同有关该违约行为的条款事实上是低效的，甚至是无效的。

除了对承包人的道德风险行为进行界定，有效实施工程担保制度对于约束承包人道德风险行为是十分必要的。2022 年 1 月，住建部发布的《“十四五”建筑业发展规划》（以下简称《规划》）提出推行工程担保制度，加快推行投标担保、履约担保、工程质量担保和农民工工资支付担保。与此同时，为了降低承包人成本，《规划》还提倡以人格担保取代传统的金钱担保，提升各类保证金的保函替代率。《合同（示范文本）》在通用合同条款 3.7 中约定，双方可就履约担保的方式、金额与期限在专用合同条款中约定。如图 6-2 所示，保函保证涉及发包人、承包人和保证人三方契约关系：① 发包人与承包人之间的建设工程施工合同关系；② 发包人与保证人之间的履约担保合同关系；③ 承包人与保证人之间的履约委托保证合同关系。如图 6-3 所示，实施履约担保的缘由有二：一是转移承包人承担工程项目风险，强化承包人履约承诺和可证实性，在承包人履行不能或明确表示不履行的情形下，按照担保合同的约定补偿发包人的损失；二是加强市场化监督机制，确保承包人能够履约。担保机构会对承包人的相关资质、信用等方面进行评估，评估结果会直接影响担保的难易程度以及担保费用。征信记录不良的承包人，需要缴纳较高的担保费用，甚至难以获得担保机构的担保。由此可见，从保证人的视角来看，工程履约担保（保函）对承包人声誉的要求较高，承包人良好的声誉条件是获得履约担保（保函）的重要前提。承包人获得保证人保函是有成本的，该成本的受益人包括发承包双方。根据风险收益对等原则，该成本应该在发承包双方合理分配，但业界目前尚未形成统一的合同惯例，因此承包人通常会通过隐藏行为将成本内部化，有违诚信原则，事实上提高了承包人违约可能性。就中国建筑市场而言，《招标投标法》等法律法规虽未将投标保证金担保、履约担保等设置为强制性条款，却将选择权赋予发包人，从而在事实上确认了上述担保的法定性，损害了工程担保的自愿性原则。

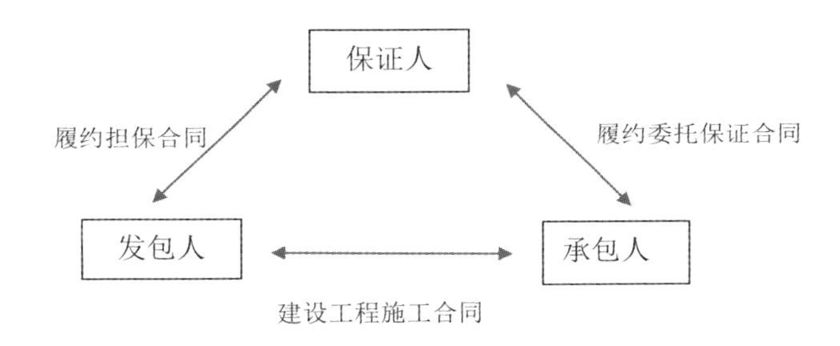

图 6-2　履约保证三方契约关系示意图

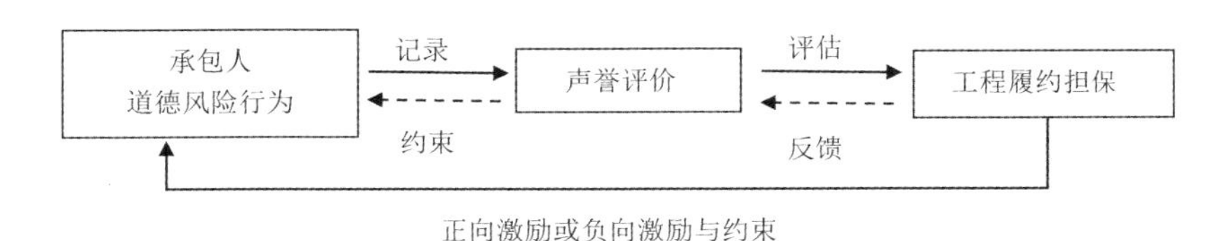

图 6-3　承包人道德风险行为的声誉评价与履约担保关系示意图

《合同（示范文本）》工程施工合同条款设置尚未形成工程担保必要性的约束条件，若把担保条款从合同中独立出来，并不会对整个合同的履行造成重大影响。在主观履约意识较弱的条件下，当事人自我履约意愿较弱，一旦合同发生不利于己方的变化，道德风险行为产生的可能性陡然增加，发承包双方适当履行合同表现欠佳。当前，中国工程履约保函一般多为有条件保函，即在承包人不履行或者未完成合同义务时，发包人依据履约保函提出索赔需举证，并对已履约部分和未履约部分分别进行鉴定。通常情况下，发包人收兑银行保函时，合同终止，合同目标部分落空，发包人需重新发包未履约工程，这对发承包双方而言可能是个双输的结果。如果保证人具备承揽合同项目的资质条件，在承包人违法或者违约后，可以考虑由保证人替补承包人继续履行，以合同转让的方式完成剩余工程，顺利实现合同目标。

从《合同（示范文本）》的适用角度分析，经验丰富的发包人或承包人对合同的不完全性的认知更深刻，在选择适用建设工程施工合同示范文本时往往更加灵活，对于可能出现的履约障碍和道德风险行为形成了较为成熟的解决方案。对大多数承包人而言，知识管理缺位、合同管理能力较薄弱、无力针对合同工程拟定适用性较强的合同条款、合同漏洞敞口较大、合同条款设置不清晰、与其他签订的协议内容矛盾、没有合理分配风险致使自身无法承担等问题在履约过程中会逐渐暴露，会对有效约束承包人的道德风险行为产生一定的阻力。此外，《合同（示范文本）》存在两个较为明显的劣势：一是《合同（示范文本）》的“普适性”使其缺乏必要的专业特色条款设置，无形中加大了发包人与承包人之间的信息不对称；二是《合同（示范文本）》时效期较短，对市场和技术的响应速度较慢，使承包人可能利用合同漏洞触发道德风险行为，有损合同效率。

6.3.3　基于判例分析的道德风险行为识别

在司法判例中，我们选用“北大法宝”对近十年的司法案例进行筛选。裁判文书选择的审理程序为“一审、二审和再审”，文书类型选择“判决书”。最终，我们选取“公报案例”“典型案例”“参阅案例”“经典案例”“法宝推荐案例”等 25 篇判例（判例信息见附录 B）。通过判例分析，我们得出了承包人的道德风险行为描述，如表 6-4 所示。

表 6-4　裁判文书中的承包人道德风险行为描述

序号	裁判文书中承包人的道德风险行为描述	案号
1	发包人考虑到工程变更情况给予承包人工期顺延，但承包人仍未完工且无合理证据证明其他工期顺延情形	(2022) 苏 08 民终 28 号

续表

序号	裁判文书中承包人的道德风险行为描述	案号
2	石材、金属幕墙两项工程存在质量问题，与合同约定不符，也不满足验收规范标准，验收结果不合格	(2021) 辽 0804 民初 2855 号
3	承包人工作联系单中记载的当日工程进度不一致，存在虚报工程量的行为	(2021) 鲁 06 民终 1699 号
4	承包人借用资质与发包人订立合同	(2021) 苏 04 民终 2372 号
5	恶意串通虚报工程造价套取合同对价 180 万元	(2021) 苏 11 民终 211 号
6	承包人擅自停止施工，致工程停滞，对发包人的工期利益造成损害，应当对停工后延误的工期承担违约责任。虽然承包人主动撤离现场，但并未完全履行配合交接义务	(2021) 沪民终 520 号
7	合同条款中未对风险范围以外的合同价格调整方案进行约定，承包人主张材料价格调整不合理	(2021) 浙 04 民终 3079 号
8	承包人未按照设计图纸施工，工程存在质量缺陷	(2020) 新 0102 民初 951 号
9	承包人无工期延误的合理理由，辩称的“混凝土供应受阻”不可归责于发包人，应当由承包人自身承担市场风险	(2020) 皖 02 民终 2667 号
10	工程施工后补签单证，且确认单中存在大量与施工现场不一致的情形，与现场勘察有较大出入，存在虚增虚报工程量的情形	(2020) 浙 8601 民初 100 号
11	工程项目不满足设计图纸及相关规范要求，施工过程存在不规范、偷工减料的问题，工程质量未达到约定的质量标准，工程未经实质意义上的竣工验收，撤场后承包人未履行修复和整改义务	(2020) 鲁 01 民终 12724 号
12	施工方不具备施工资质，系实际施工人，违反相关法律规定，合同无效	(2020) 鄂 06 民再 39 号

续表

序号	裁判文书中承包人的道德风险行为描述	案号
13	承包人承包工程后，与另一家公司建立建设工程转包法律关系，双方签订的合同及补充协议无效	(2020) 最高法民终 912 号
14	协议内容与实际履行情况证实承包人是以分包之名行转包之实	(2020) 苏 06 民终 4027 号
15	承包人未经发包人同意将工程项目分包给其他分包单位，该分包行为涉及的施工合同无效	(2020) 皖民终 596 号
16	并非地震原因导致的工期拖延与质量问题，而是存在偷工减料、未按设计要求施工的现象	(2020) 最高法民申 2273 号
17	承包人未按约定履行施工义务，存在转包及违法分包行为	(2019) 豫民再 773 号
18	因工程变更，双方商议原合同工期延长，但仍未能如期完工，承包人承担 80%主要违约责任	(2019) 豫 0105 民初 5498 号
19	承包人与发包人在招标投标程序前就已将双方的施工合同备案，而后又另行约定与中标内容具实质性差异的合同，承包人中标无效	(2018) 最高法民终 858 号
20	承包人存在虚增工程款行为，结算造价超过实际造价的百分之十	(2018) 粤民终 2553 号
21	承包人没有按照消防局审批的设计图纸施工，存在偷梁换柱、偷工减料的行为，擅自将消防供水主管道的室外消火栓环状管网 DN150 换成 DN110，将阀门、卡箍件公称压力 2.5 MPa 换成 1.6 MPa	(2018) 鲁 02 民终 7802 号
22	承包人为谋取不当利益，虚增工程款并向发包人的工作人员行贿，导致发包人在违背真实意愿的情况下确认工程结算	(2018) 辽 02 民终 7146 号

续表

序号	裁判文书中承包人的道德风险行为描述	案号
23	承包人提交的工程签证/索赔报审表及后附现场工程量确认记录与自行制作的冬季专项施工方案矛盾	(2017) 甘0102民初1950号
24	承包人没有在发包人现场考察时对无法按期交工、停工的情况澄清说明，工程设备未按文件中的约定数量投放，合同中未就提前工期给予奖励和补偿方面进行约定	(2016) 最高法民终262号
25	擅自减少屋面工序，缺少起重要防水作用的涂料层，交付屋面不符合标准导致严重渗漏	《中华人民共和国最高人民法院公报》2014年第8期

6.4 承包人道德风险行为溯源

6.4.1 知晓的交易信息不对称性

在不完全施工合同中，发包人与承包人存在着信息分布不对称的状况。就某些信息而言，发承包双方中的一方处于信息优势地位，另一方处于信息劣势地位。然而，就另一些信息而言，情况可能相反。就整体情况而言，他们之间的信息优劣势因属性不同无法相互抵消。这种信息的非对称性分布，可能给合同履行带来以下几个问题。首先，出于自利动机，处于信息优势的一方可能会做出利润最大化行为，从而使处于信息劣势的一方暴露于未知风险，导致利益受损（效率违约）或社会福利受损。其次，交易双方以外的第三方难以通过验证知晓信息。即便能够获取信息，信息成本可能远大于收益，这为第三方获取信息创设了难度。在第三方无法验证的条件下，正式制度安排对道德风险行为的震慑作用会被削弱。

以合同的成立为分界点，施工合同当事人的信息非对称分布贯穿合同签订前与合同履行阶段。在合同签订前，若发包人通过招标的形式选择承包人，承包人对自身的专业资质、项目业绩、能力水平等情况更加了解，发包人无法知晓投标报价的合理性、施工组织设计的经济性等。这些都为承包人的机会主义行为提供了条件。在履约阶段，承包人基于合同对建设工程施工现场实际占有，往往比发包人对现场情况（包括工程质量水平、项目工期进度、施工环境复杂程度等）有更大的信息优势。在合同履行过程中，承包人可能采取再谈判、工程变更、索赔等手段谋取更高的合同结算价格；承包人可能为了自身利益违法分包、转包中标项目，偷工减料、以次充好，使用不合格或不符合合同要求的材料、设备等。与此同时，发包人可能会做出肢解发包、指定分包、违法采购、签订补充协议压价、延期支付工程进度款等机会主义行为。不过，总体而言，在履约阶段，承包人相较发包人更具信息优势，承包人有动机激励采取道德风险行为，这不仅偏离了双方订立合同的目标，同时有损合同效率的实现。

综上所述，信息非对称性分布普遍存在于合同订立阶段与合同履行阶段，承包人主要的道德风险行为动因来源于两个方面：一是在合同订立前（招标投标阶段）采用低价中标，进而在后期履约阶段为节约工程成本采取道德风险行为；二是在履约阶段，承包人占据信息优势，仅考虑自身收益，为达到自身效用最大化背离发包人的项目目标、偏离最优合同目标。在这个过程中，发包人难以采取有效的监督手段。

6.4.2 订立的施工合同的不完全性

合同的不完全性是相较于完备合同而言的。假设存在一份完全的施工合同，那么它反映的是建筑市场供求关系的帕累托均衡点，充分描述了发包人与承包人的权利与义务、合同对价、双方履约方式、合同风险分配、纠纷、索赔、归责等可能会影响工程项目目标实现的方案内容。完全的施工合同有完全的假设条件。首先，发包人与承包人作为合同当事人，符合“经济人”的假设。双方具备稳定的偏好函数，该偏好函数结果按照排列、筛选得出，双方基于已知概率分布就偏好行为做出决策，该行为选择的目标是追求自身效用最大化。其次，发包人与承包人处于完全竞争市场，使当事人间订立的合同能够实现高效率生产与分配。合同条款不会为双方当事人以外的合同第三人带来合同的相对性扩张，也就是说施工合同不会产生外部性影响。同时当事人之间也无外部性的交互影响，各方并未把自身应承担的交易成本与风险转移到另一方身上。上述假设条件为完全合同提供了一个完美的理论解释框架和演化逻辑。

在应用层面上，我们需要放宽完全合同假设，使其进一步贴近现实。首先，不完全施工合同源于合同当事人的有限理性。它否定了新古典经济学完全合同未来与现在必然一致、未来结果可计算的假设，构建了有限理性人假设，并用决策的满意标准取代了最优标准。由于工程项目的自身复杂性与不确定性，发包人与承包人不可能在合同中准确描述所有或然事件和信息，也不可能对未来出现的合同缺项有所准备，这些都决定了不完全合同更具现实性和应用性。此外，第三方的有限理性会对纠纷处理造成效率漏损。比如，有失公允的鉴定结果可能使合同当事人一方得不到“满意”的结果。其次，信息不完全。这种不完全体现在合同当事人不能穷尽所有信息并将其全部载入合同条款，亦不能预测未来的具体结果。由于机会主义动机的隐藏行为，当事人难以察觉某些信息，第三方也很难做出准确的判断，博弈的结果不再是完全信息下的最优解。最后，交易存在摩擦，交易成本为正。合同的不完全性来源于缔约当事人成本与收益的经济考量。缔结完全合同的缔约边际成本极高。在有限理性和满意原则驱动下，缔约当事人在缔约收益与交易成本之间进行权衡，寻求次优解。鉴于建设工程施工合同的不完全性事实，缔约和履约的当事人天然具有合作和自利动机，这是当事人根据已有信息博弈的结果。如果合同条款对承包人的激励不足与约束失控，承包人便会做实机会主义行为，使合同偏离初始目标，使双方需要通过再谈判进行矫正，使交易成本增加。对于承包人而言，不完全施工合同中可能出现遗漏或约定不明的条款。例如，可能出现无法及时掌握资金动向而造成工程成本亏损的风险时，条款为充分发挥激励作用引发承包人的道德风险行为，以及承包人利用发包人无法观测与证实的弊端降低施工技术标准、材料标准等道德风险行为，使发包人对承包人的约束失控。

6.4.3 投入专用性资产的不平衡性

在建设工程项目中，发包人往往是建设项目直接投资人。与一般的通用性资产不同，建设工程具有单件性和不可逆性。建设项目用地规划许可、工程规划许可、施工许可，以及工程设计图纸、专用材料、设备和工艺等均具有较强的异质性，较强的专用性资产投入使得双方在交易中“捆绑”在一起，双方自利目标的实现依赖当事人的合作行为。

某些施工合同约定发包人提供材料或设备，承包人“胁迫”或者“乘人之危”的资本依赖性较弱。发包人可以解除合同，重新选择其他承包人完成目标工程。发包人要为此付出一定的交易成本，承包人并未从中获利，因此承包人道德风险激励较小。如果合同中约定承包人包工包料，而且承包人已经依照工程进度完成材料、构件、工程设备的采购，那么这些材料、构件、工程设备的专用性越强，承包人不合作的损失就越大，道德风险激励就越弱。例如，在火电站 EPC 总承包合同中，承包人已就锅炉、汽轮机、发电机、控制系统等与供应商签订供货合同，并按订单生产。在资产专用性条件约束下，即使遇到履行障碍，承包人再谈判优势较弱，道德风险激励不强。承包人宁愿选择妥协，也更倾向于选择合作。尽管发包人终止合同而另外选择其他承包人也会产生交易成本（如工程超期、新增缔约成本、新合同对价可能会增加等），但承包人并非这些交易成本的受益人。因此，承包人的“敲竹杠”行为条件不够充分，选择不合作会使双方利益均受损且承包人损失可能比发包人损失大，承包人更愿意继续履行合同。

综上所述，发包人和承包人投入的专用性资源不同。一般而言，承包人的可转换成本不高于发包人的可转换成本，使交易双方的可转换成本不平衡，承包人在履约过程中存在较大的“敲竹杠”风险，当承包人认为“敲竹杠”带来的潜在收益高于自身损失时将选择触发道德风险行为。该行为产生的交易成本是纯粹的再分配成本，会抑制双方合作的履约效率。

《民法典》“合同”编虽然规定了合同自愿、公平原则，但这些原则建立在缔约自由基础之上，是一种自律性本源需求。资产专用性越强，投入资产的当事人的自律性也就越强。诚信来自第三方评价，是他力救济援引原则，其对当事人的约束依赖第三方对当事人机会主义行为的观察。只有当这种观察可验证时，这项他律原则才能发挥作用。当第三方不可靠时，合同效率和公平依然会受到挑战。比如，第三方鉴定意见质量较差，严重背离事实时，解决方案不是效率解，也不是公平解。

6.5 本章小结

本章通过识别道德风险行为及其溯源为下一章建立发包人与承包人的成本-收益模型做铺垫。本章结合合同状态理论描述在无道德风险行为下的履约状态。基于发包人视角，理想的履约状态是承包人能够按照合同的规定履行自身义务，包括项目造价、工期、质量等工程项目目标不断趋于合同理想状态的实现。但实际中会出现偏离合同效率路径的情况。所以，本章通过文献研究、合同范本研究以及更接近实际情形的判例分析，总结道德风险行为的相关描述，研究得出承包人的道德风险行为并不一定会被判定为违法或者违约行为，但会对发包人的利益造成损害，降低合同履约效率。基于相关道德风险的描述，本章总结认为承包人道德风险行为溯源主要包括双方知晓的信息不对称性、订立施工合同的不完全性、投入专用性资产不平衡性。

第7章

合同激励模式下的自我履约机制

建设工程项目的复杂性、长期性、不确定性等特征，使双方在缔约阶段难以将概率性事件的风险分配方案全部写入合同。承包人在施工过程中可能会利用合同漏洞采取道德风险行为，达到节约工程成本、增加自身收入的目的。所以发包人除了通过设置正、负激励条款对承包人可测度的道德风险行为进行限制，还应当考虑在不可测度任务下强化承包人的自我履约意识，选择适当的激励强度促进履约目的的实现。

在上述履约障碍和道德风险既存的基础上，既然发包人与承包人的成本-收益函数目标的不一致性会有损合同履约效率，那么承包人为实现收益最大化目的可能会诱发道德风险行为动机。发包人通过合同条款的设计将双方的合同剩余分配转化为求解建设工程项目系统收益最大化目标，在可测度多任务目标下激励承包人提高努力程度。合同的不完全性会对激励作用产生一定的负面影响，所以需要辅以关系嵌入式履约激励策略，通过使长期连续性交易关系的收益大于当下违约的收益，在不可测度条件下促使承包人信守允诺履行合同约定，使其判断自我履约行为是最优效率决策。

7.1 有关履约激励的研究

国内外学者对最优激励机制的探讨主要基于委托代理理论、关系契约理论、激励理论、不完全合同理论等。张喆等人[①]（2007）认为在 PPP 模式中，要考虑正式契约与关系契约对控制权分配的影响，研究表明基于两者的平衡作用是控制权的最佳配置方式。笪可宁等人[②]（2013）以关系契约为视角提出最优报酬激励机制，认为承包制作为唯一的纳什均衡可以充

---

① 张喆，贾明，万迪昉．不完全契约及关系契约视角下的 PPP 最优控制权配置探讨［J］．外国经济与管理，2007（8）：24-29+44.

② 笪可宁，安镜如，马婧婷．基于关系契约视角的建设项目激励问题动态博弈分析［J］．沈阳建筑大学学报（社会科学版），2013，15（3）：264-267.

分调动承包人的积极性，缓和发包人与承包人的利益矛盾。房勤英等人[①]（2017）通过构造多委托方的委托代理理论模型，探究主体的行为模式。魏光兴等人[②]（2017）建立公平偏好下的委托代理模型，研究总承包商对分包商的激励机制防范双边道德风险行为。杨杰等人[③]（2018）探究在 DB 模式下工程总承包市场的道德风险存在原因，并在委托代理模型中引入因素激励函数、相对信息强度、监督函数来抑制总承包人的机会主义倾向。王绪民等人[④]（2019）围绕施工成本降低产生的收益分配，建立工程项目单位时间的委托代理模型，指出通过合理的激励基数设置可以实现项目管理者和工人的收益最优。王先甲等人[⑤]（2021）探讨公平偏好对两类隐藏信息不对称的激励机制的影响。Liu J 等人[⑥]（2021）运用迭代算法分析外部惩罚函数方法求得最优解，并得到道德风险下具有无限多个激励相容约束的委托代理问题的最优激励机制；基于合同不完全理论，探讨如何克服合同的不完全性达到履约激励效果。Abdallah A A 等人[⑦]（2013）以代理理论与合同不完全理论，探讨发包人和承包人的关系，使用因素和多元分析法说明成本、质量、进度、过去绩效以及有关项目的可用信息等重要因素，

---

① 房勤英，陈立文．基于多委托人代理理论的监理发展分析［J］．技术经济与管理研究，2017（12）：51-55.

② 魏光兴，曾静．基于公平偏好的工程总承包委托代理分析［J］．数学的实践与认识，2017，47（16）：81-89.

③ 杨杰，宋凌川，崔秀瑞，等．基于委托代理理论的 DB 模式道德风险治理研究［J］．工程管理学报，2018，32（1）：35-40.

④ 王绪民，熊娟娟，苏秋斓．基于委托-代理模型的施工过程成本博弈［J］．控制与决策，2019，34（2）：390-394.

⑤ 王先甲，袁睢秋，林镇周，等．考虑公平偏好的双重信息不对称下 PPP 项目激励机制研究［J］．中国管理科学，2021，29（10）：107-120.

⑥ LIU J，WANG X. A penalty function method for the principal-agent problem with an infinite number of incentive-compatibility constraints under moral hazard［J］．Acta Mathematica Scientia，2021，41（5）：1749-1763.

⑦ ABDALLAH A A，DARAYSEH M，WAPLES E. Incomplete contract，agency theory and ethical performance：A synthesis of the factors affecting owners' and contractors' performance in the bidding construction process［J］．Journal of General Management，2013，38（4）：39-56.

为识别不完全合同的合同要素提供参考。Mansor 等人[①]（2017）指出不完全合同源于合同期限长、高风险和不确定性、高交易成本和有限理性。合同履行期限长时，适用不完全合同的优势在于可以提供灵活性以应对不确定性，但可能导致效率低下、成本较高。Wang S[②]（2024）通过实证性分析发现，如果合作伙伴之间的差异很大或产品质量在很大程度上不确定，那么有限合同要比全面合同更有效，反之亦然。如果有私人信息和激励措施来提高质量，一份全面合同可能会更有效率。周威[③]（2021）基于三方角度分析投资者在两类偏好下对最优 PPP 项目合同的影响。

从激励形式角度划分，学术界分别研究了显性与隐性、长期与短期、静态与动态激励模式。郑梅华[④]（2012）构建短期静态声誉激励与多期动态声誉激励模型。曹启龙等人[⑤]（2016）通过显、隐性激励结合构建声誉效应动态激励模型。史一可[⑥]（2021）构建 EPC 项目总承包人的动态绩效激励机制，以实现发包人策略的动态优化、项目产出的持续改进。马力等人[⑦]（2016）通过构建契约的显性激励和声誉的隐性激励模型，求解实现激励作用效用函数。穆昭荣[⑧]（2021）基于研究结果提出“风险分担-尽善履约-项目管理绩效”理论模型，并探讨三个风险分担维度的影响作用。吉

---

① MANSOR，SYAIMASYAZA N，AYOB，et al. Incomplete contract in private finance initiative（PFI）：A modified delphi study［J］. Advanced Science Letters，2017，23（1）：227-231（5）.

② WANG S. Incomplete contracts with disparity，uncertainty，information and incentives［J］. Theory and Decision，2024，97（2）：347-389.

③ 周威．考虑信息不对称和公平偏好的 PPP 项目合同设计研究［D］．邯郸：河北工程大学，2021.

④ 郑梅华．基于委托代理的建筑承包商激励机制研究［D］．泉州：华侨大学，2012.

⑤ 曹启龙，周晶，盛昭瀚．基于声誉效应的 PPP 项目动态激励契约模型［J］．软科学，2016，30（12）：20-23.

⑥ 史一可．业主视角下的 EPC 项目动态绩效激励机制研究［D］．杭州：浙江大学，2021.

⑦ 马力，黄梦莹，马美双．契约显性激励与声誉隐性激励的比较研究——以建筑承包商为例［J］．工业工程与管理，2016，21（2）：156-162.

⑧ 穆昭荣．承包商尽善履约导向下工程总承包项目管理绩效改善的多维路径研究［D］．天津：天津理工大学，2021.

格迪等人[1]（2021）考虑质量与工期间的互替性，建立结合显性、隐性声誉两阶段动态激励模型。

基于目标任务量的划分，学术界的研究一般包括单任务激励与多任务激励。翁东风等人[2]（2010）根据不同等级的质量因素的划分，构建三个均衡型工程项目管理目标模型。李栗[3]（2012）、施建刚等人[4]（2012）在质量与工期目标协调下构建双重激励模型。曹天等人[5]（2015）构建工程质量团队线性激励模型。陈勇强等人[6]（2016）、张家旺[7]（2016）分析工期、质量等任务目标对承包商的激励模型和机制。李强等人[8]（2016）探讨在工程变更时发包人对承包人的监督激励模型。郭汉丁等人[9]（2017）通过博弈模型求解发包人对承包人质量监督的激励参数。马传广[10]（2018）研究项目经理可观测和不可观测两种情形下的薪酬机制模型，并求解得到两种情形下的最优解。Zhang Y 等人[11]（2020）研究委托代理理论中的最优

---

① 吉格迪，杨康．建设工程项目激励模型中的激励失效问题优化研究［J］．工业工程，2021，24（6）：65-74.

② 翁东风，何洲汀．基于多维决策变量的工程项目最优激励契约设计［J］．土木工程学报，2010，43（11）：139-143.

③ 李栗．代建制下基于工期和质量目标的双层委托代理模型研究［D］．成都：西南交通大学，2012.

④ 施建刚，吴光东，唐代中．工期-质量协调均衡的项目导向型供应链跨组织激励［J］．管理工程学报，2012，26（2）：58-64+41.

⑤ 曹天，曾伟，周洪涛．工程项目质量的团队激励机制研究［J］．武汉理工大学学报（信息与管理工程版），2015，37（3）：368-372.

⑥ 陈勇强，傅永程，华冬冬．基于多任务委托代理的业主与承包商激励模型［J］．管理科学学报，2016，19（4）：45-55.

⑦ 张家旺．基于多任务委托代理的工程项目承包商激励机制研究［D］．南京：南京大学，2016.

⑧ 李强，罗也骁，倪志华．基于委托代理理论的工程变更监督机制模型［J］．深圳大学学报（理工版），2016，33（3）：301-308.

⑨ 郭汉丁，郝海，张印贤．工程质量政府监督代理链分析与多层次激励机制探究［J］．中国管理科学，2017，25（6）：82-90.

⑩ 马传广．双边道德风险下工程项目经理的薪酬机制设计［D］．天津：天津工业大学，2018.

⑪ ZHANG Y，XU L. Quality incentive contract design in government procurement of public services under dual asymmetric information［J］．Managerial and Decision Economics，2020，42（1）：34-44.

激励，设计双重不对称信息条件下的质量激励合约模型。Liu J（2021）提出一种迭代算法来寻找道德风险下委托代理问题的最优激励机制，其中代理行为配置文件的数量是无限的，并且委托人可以观察到的结果数量是无限的。Roberto S①（2021）侧重研究多主体道德风险模型中的最优激励方案，研究结果表明，与纯粹自私偏好的情况相反，当代理人厌恶风险时，目标结果永远不会是最优的，并且随着道德水平的提高，在更多的输出实现中会产生正支付。

通过对上述相关文献的梳理可以发现，建设工程项目领域激励机制的研究主要集中在激励合同模式与单要素或多要素激励方式的设计。在设计激励合同模式时，研究者们都是在总价合同、单价合同以及成本加酬金合同三种合同类型下进行设计的。每种合同类型又可以细分为不同的合同模式。探究不同合同类型下的发包人与承包人的风险分担比例、发包人监督难易程度、奖励程度等的目的是为发包人合同设计提供参考。在探讨单要素或多要素激励时，学术界的研究多聚焦于显性与隐性相结合的激励方式、动态重复或静态单一激励方式，以及多任务要素间的互替性与关联性对激励效果的影响。多数学者采用委托代理、博弈论等较为成熟的研究方法建构模型求解。但目前学术界仍缺少从正式契约与关系契约角度，对履约激励作用影响方面的研究。

鉴于建设工程领域关于承包人道德风险防范与履约激励的研究比较薄弱，本书拟从发包人视角，在承包人的道德风险行为识别及溯源的基础上，尝试构建正式契约与关系契约履约激励模型，发现促进发包人与承包人合作的激励机制，进而提出合同履约效率的提升路径，从实践基础上提出防范承包人道德风险行为的举措。

在防范承包人道德风险行为的正式契约中，以往模型大多采用线性产出计算方法。在应用这种方法时，假设各目标任务完全互替，这对建设工程项目目标而言存在先天的不足。本章将采用道格拉斯生产函数，在关系契约远期激励模型中引入自我履约条件构建远期激励模型。与以往仅从声

---

① ROBERTO S. Optimal incentives schemes under homo moralis preferences［J］. Games，2021，12（1）：28.

誉角度构建激励模型的研究不同，本章更侧重契约自执行力实现合同目标，最后通过算例模拟分析方法，验证了模型的适用与可行性。

7.2　正式契约与关系契约

7.2.1　正式契约

正式契约是指双方当事人通过书面合同形式，将彼此的承诺、约定“白纸黑字”记录下来的一种表现形式。它是一种可以由法院等第三方于事后证实并执行的合同条款，具备一定的法律效力，但排除通过违法、违背公序良俗等方式签订的情形，以及以欺诈、胁迫等违背当事人真实意思表示的签订情形。对于一般建设工程项目而言，面对复杂的建筑市场环境，正式契约旨在使当事人在履约前明晰各自的职责权限以及相应义务，并且通过在事前约定风险分配方案实现资源配置与收益分配的目标。合同项目涉及的参与方众多，项目实施不确定因素难以计量，如遇工程款拖欠、工期拖延、工程质量争议等工程项目纠纷使发包人或承包人的利益遭受侵害的情况，合同利益受损当事人可依据法律规定或者合同约定进行自力救济或者寻求公力救济，法院或者仲裁机构在最大限度尊重当事人缔约自由的条件下，作为公力第三方介入验证和执行，从而定纷止争。

与关系契约相比，正式契约在合同治理方面的交易成本较高。一般而言，正式契约越趋于完全，交易成本就越高，而且呈边际成本递增趋势。此外，正式契约虽然将未来某些不确定性事件载入合同条款（如法律法规变化、物价异常波动、工程变更、暂估价等），但是在表现形式上，静态的正式契约不可能将合同履行中遇到的所有情形清晰呈现在合同条款之中。事实上，签订完全正式契约既不经济，也不可能。因此，正式契约的交易成本还包括合同履行中对合同未尽事宜进行再谈判的成本，包括补充协议、现场签证、合同变更等的成本。

7.2.2 关系契约

关系契约是指双方当事人通过非正式、灵活的履约机制合作，它更加关注交易双方的声誉、长期合作价值、信任、沟通等关系性规则，而非以签订完全契约为主要目标。与正式契约相比，关系契约具有较强的柔性，能够在一定程度上弥补正式契约灵活性不足的缺陷。

在建筑市场中，关系契约能够润滑发包人与承包人之间的交易行为，填补正式契约的不完全，抑制匿名交易中当事人之间可能产生的机会主义行为。发包人与承包人的关系契约主要具有以下四个基本特征。

(1) 关系嵌入性。关系是一种社会链接，关系契约实质上是社会契约的一部分，通过各种社会链接嵌入社会交易网络，形成当事人竞争优势。这种关系涉及三个方面。一是承包人所获许可和认证。承包人的资质是行政机关对其资格的社会性认可，承包人业绩和诚信记录是其既往交易行为的事实记录。二是承包人与他人社会关系，即承包人在与他人合同交易中的履约表现。三是发包人与承包人重复交易形成的合作关系。这种关系嵌入可以在较大程度上增强发承包双方互信，提高不完全合同的可履行性。当然，在首次交易中，发包人只能考虑前两种社会关系，并将其嵌入本次交易决策。

(2) 长期交易性。关系契约是一种可合作性社会约束条件，是承包人在长期交易中形成的合法性和自律性履约表达。在建筑市场中，承包人与不同发包人建立长期交易关系，或者与同一发包人重复建立长期交易关系，履约资源专用性较高，隐含契约或者默认契约可促使当事人自我履约机制发挥作用。关系契约的长期交易性和交易频率可以为发包人与承包人之间的交易行为提供更好的信任基础，避免机会主义行为的发生。

(3) 自我实施性。作为一种隐含的非正式制度安排，关系契约实际上也是承包人的一项资产专用性较强的投资，有助于提高承包人的置信程度。承包人选择实施机会主义行为时，机会成本较高，当实施机会主义行为的成本高于收益时，承包人将选择依照有利于合同目标的方式履约。因此，从这个意义上来说，关系契约具有较强的自我规制作用。

(4) 条款开放性。关系契约的开放性体现在其与不完全正式契约的互补性。随着正式契约的持续履行，其不完全性逐步展现，当事人需要就此进行再谈判。关系契约内含合作激励，在出现履约障碍时，促使承包人摒弃机会主义动机，选择有利于合同目标实现的行为，可以在大幅度节约交易成本的同时，清除正式契约履行障碍。

7.2.3　正式契约与关系契约的对比

正式契约与关系契约的区别主要体现在三个方面，如表 7-1 所示。第一，从合同功能性比较，关系契约有较大的柔性空间，可以为双方节省更多交易成本；正式契约在合同约定方面更具确定性，可以为发包人与承包人在履约过程中提供明确的履约条款，有较强的可执行性与可操作性。第二，从规范约束性比较，正式契约能够被法院等第三方证实与验证，具有可观测性，双方出现合同纠纷时可以诉诸法院，法院依据双方签订的合同、协议以及相关法律做出具有强制执行效力的裁判；关系契约的不可观测性，如果未能被证实与观察，那么将难以作为合理的证据与解释被法院认可。第三，从合作周期性比较，正式契约对合作交易双方的约束是短期、单次的，合作周期达到约定就视为合同交易关系结束；关系契约侧重合作交易双方之间的长期、多次的合作关系。

表 7-1　正式契约与关系契约对比

划分依据	测度标准	正式契约	关系契约
合同功能性	确定性与弹性程度	确定性强，弹性较小	确定性弱，弹性、柔性较大
规范约束性	第三方观察与验证难易程度	法院强制约束	依赖道德规范
合作周期性	合作交易次数	短期、单次	长期、多次

关于正式契约与关系契约的关系，学术领域有替代说与互补说两种不同的观点。Gulati[①]、Dyer[②]等支持替代说的学者认为，正式契约和关系契约是此消彼长的关系，关系契约的存在可以替代或削弱耗费较多交易成本的正式契约。近年来，许多学者主张互补说作为研究的基础，他们认为合同治理与关系治理的作用是相辅相成的，一份好的合同能够提升交易者的长期信任与合作关系。Goo等人[③]（2009）的观点是，关系规范可以填补合同的不完全性。董士波等人[④]（2009）认为，信用作为隐性契约基本前提，贯穿整个执行与完成的过程。夏超尘[⑤]（2014）认为，非显性契约的弹性及强适应性是对显性契约的填补。隐性合同是与长期、重复交易相关联的一种自我履约机制，隐性合同的补充作用可以防范当事人的机会主义行为，能够促进缔约各方在自利动机下建立长期的合作关系。周茵等人[⑥]（2013）认为将合同治理与关系规范机制结合应用能够交互抑制渠道投机的行为。严玲等人[⑦]（2016）构建契约治理、关系治理和项目管理绩效三者的结构方程模型，分析得到关系契约通过影响交易各方的风险分配机制对正式契约的治理作用进行补充。林艺馨等人[⑧]（2020）通过问卷调查的形式，整理出合同治理的三个维度（完整性、明确性以及执行度），以及关系治理的

① GULATI R. Does familiarity breed trust? The implications of repeated ties for contractual choice in alliances [J]. Academy of Management Journal, 1995, 38 (1): 85-112.

② DYER J H, SINGH H. The relational view: Cooperative strategy and sources of interorganizational competitive advantage [J]. Academy of Management Review, 1998, 23 (4): 660-679.

③ GOO J, KISHORE R, RAO R H, et al. The role of service level agreements in relational management of information technology outsourcing: An empirical study [J]. MIS Quarterly, 2009, 33 (1): 119-145.

④ 董士波，陈光云，朱宝瑞，等．公共工程项目契约关系研究——一个基于利益相关者理论的观点［J］．华北科技学院学报，2009，6（1）：93-98.

⑤ 夏超尘．PPP项目利益相关者组织间关系研究［D］．重庆：重庆大学，2014.

⑥ 周茵，庄贵军，彭茜．关系型治理何时能够抑制渠道投机行为？——企业间关系质量调节作用的实证检验［J］．管理评论，2013，25（1）：90-100.

⑦ 严玲，史志成，严敏，等．公共项目契约治理与关系治理：替代还是互补？［J］．土木工程学报，2016，49（11）：115-128.

⑧ 林艺馨，张慧瑾．合同治理、关系治理对合作行为的影响研究［J］．建筑经济，2020，41（S2）：209-214.

三个维度（沟通、承诺、信任）；应用扎根理论研究得出，合同及关系治理对提升承包商的合作行为有着直接的作用。

7.3　正式契约下当期履约激励模型

本节利用经济分析方法，通过构造发包人与承包人的成本-收益函数，建立正式契约下当期履约激励模型。

7.3.1　模型假设提出

假设一：在建设工程施工项目中，承包人的工作目标主要包括质量目标、成本目标、进度目标且三个工作目标对于项目收益的影响作用是一致的。在这些工作任务中，有些可以被发包人观测到，可以作为约定写入正式契约，该承诺的书面表现形式即为产生法律效力的合同条款；有些不能准确地被发包人观测到，就难以被第三方测度验证，也就不能写入正式契约。

假设二：承包人在正式契约下投入的努力程度为 $w(w_1, w_2, w_3)$，其中 w_1、w_2、w_3 分别代表承包人在工期、成本、质量方面的努力程度，且三项任务彼此独立。

假设三：建设工程项目的产出是承包人努力程度和外界影响因素的函数。正式契约激励模型采用拓展型道格拉斯生产函数 $B(w_1, w_2, w_3)=Dw_1^k w_2^l w_3^{1-k-l}+\varphi$。其中 $D>0$，表示承包人的综合能力水平；k、l、$1-k-l$ 分别表示三项任务的相对重要程度，且满足 $k\in(0, 1)$、$l\in(0, 1)$、$k+l\in(0, 1)$，$\varphi\sim N(0, \phi^2)$ 表示合同外部性对建设工程项目的影响，外部的不确定性来源主要包括环境的变化、第三人可能会对合同效率产生的影响。

假设四：发包人与工程项目产出给予承包人正向或负向激励。报酬函

数为 $S=w_a+\beta D(w_1, w_2, w_3)$，$w_a$ 为固定报酬，$\beta D(w_1, w_2, w_3)$ 为承包人合作剩余分享额。

假设五：发包人的风险偏好为中立型，风险厌恶系数为 $\rho=-v''/v'$，其中 v 为发包人的效用函数；承包人的风险偏好为规避型，其风险厌恶系数为 $\rho=-u''/u'$，其中 u 为承包人的效用函数。

假设六：发包人与承包人只订立当期的正式契约，双方合作结束之后，正式契约不会对承包人未来项目交易产生约束。

7.3.2 当期履约激励模型构建与求解

正式契约中，发包人与承包人的缔约过程可分为两个阶段：第一阶段，发包人通过招标的方式选择承包人，为其提供正式契约；第二阶段，承包人选择是否接受正式契约。

(1) 承包人的成本-收益函数。

根据假设五，承包人为规避型的风险偏好，那么收益结果为项目收益分配减去施工时投入的努力成本及风险规避成本。

$$\mathrm{CE}_c=w_a+\beta D w_1^k w_2^l w_3^{1-k-l}-\frac{1}{2}\sum c_i w_i^2-\frac{1}{2}\rho\beta^2\varphi^2 \tag{7-1}$$

(2) 发包人的成本-收益函数。

根据假设五，发包人为中立型的风险偏好，那么收益结果为项目产出收益减去其支付给承包人的固定报酬以及奖励。

$$\begin{aligned}\mathrm{CE}_u&=E[D(w_1, w_2, w_3)-S(w_1, w_2, w_3)]\\&=Dw_1^k w_2^l w_3^{1-k-l}-(w_a+\beta D w_1^k w_2^l w_3^{1-k-l})\end{aligned} \tag{7-2}$$

(3) 正式契约下当期履约激励模型。

发包人通过正式契约激励承包人投入更多，努力实现任务目标，通过求解履约激励系数 β 达到项目系统目标函数最大化。目标函数为发包人的成本-收益函数与承包人的成本-收益函数之和，即项目系统成本-收益目标函数。

$$\mathrm{TCE}=Dw_1^k w_2^l w_3^{1-k-l}-\frac{1}{2}\sum c_i w_i^2-\frac{1}{2}\rho\beta^2\varphi^2 \tag{7-3}$$

发包人与承包人之间的信息分布非对称性是承包人存在道德风险行为的重要原因，那么基于在信息不对称条件下的正式契约模型，求解承包人剩余权利分配模型可以转化为求解发包人对承包人的履约激励决策问题。在满足承包人激励约束条件 IC、参与约束条件 IR 的同时，求解工程项目系统成本-收益函数最大值，有

$$\mathrm{TCE}_{\max} = Dw_1^k w_2^l w_3^{1-k-l} - \frac{1}{2}\sum c_i w_i^2 - \frac{1}{2}\rho\beta^2\varphi^2 \tag{7-4}$$

$$w_i \in \operatorname{argmax}\left(w_a + \beta D w_1^k w_2^l w_3^{1-k-l} - \frac{1}{2}\sum c_i w_i^2 - \frac{1}{2}\rho\beta^2\varphi^2\right)(\mathrm{IC}) \tag{7-5}$$

（4）正式契约下履约激励模型求解。

根据假设二有 $w_i > 0$，所以当给定履约激励系数 β，有激励约束 IC 关于 $w(w_1, w_2, w_3)$ 的极值问题，满足下式：

$$\begin{cases} \beta D k w_1{}^{k-1} w_2^l w_3^{1-k-l} = c_1 w_1 \\ \beta D l w_1^k w_2{}^{l-1} w_3^{1-k-l} = c_2 w_2 \\ \beta D(1-k-l) w_1^k w_2^l w_3{}^{-k-l} = c_3 w_3 \end{cases} \tag{7-6}$$

通过一阶条件求得函数驻点（w_1^*，w_2^*，w_3^*）：

$$\begin{cases} w_1^* = \beta D\left(\frac{c_1}{k}\right)^{-\frac{1+k}{2}}\left(\frac{c_2}{l}\right)^{-\frac{l}{2}}\left(\frac{c_3}{1-k-l}\right)^{-\frac{1-k-l}{2}} \\ w_2^* = \beta D\left(\frac{c_1}{k}\right)^{-\frac{k}{2}}\left(\frac{c_2}{l}\right)^{-\frac{1+l}{2}}\left(\frac{c_3}{1-k-l}\right)^{-\frac{1-k-l}{2}} \\ w_3^* = \beta D\left(\frac{c_1}{k}\right)^{-\frac{k}{2}}\left(\frac{c_2}{l}\right)^{-\frac{l}{2}}\left(\frac{c_3}{1-k-l}\right)^{-\frac{2-k-l}{2}} \end{cases} \tag{7-7}$$

将 w_1^*，w_2^*，w_3^* 代入优化问题，令 $\frac{\mathrm{dTCE}}{\mathrm{d}\beta} = 0$，有

$$\beta^* = \frac{1}{1 + \rho\varphi^2 D^{-2}\left(\frac{c_1}{k}\right)^k\left(\frac{c_2}{l}\right)^l\left(\frac{c_3}{1-k-l}\right)^{1-k-l}} \tag{7-8}$$

将 β^* 代入整理得

$$
\begin{cases}
w_1^* = \dfrac{D\left(\dfrac{k}{c_1}\right)^{\frac{k+1}{2}}\left(\dfrac{l}{c_2}\right)^{\frac{l}{2}}\left(\dfrac{1-k-l}{c_3}\right)^{\frac{1+k+l}{2}}}{c_3+c_3\dfrac{k+l}{1-k-l}+\rho\varphi^2 D^{-2}\left(\dfrac{c_1}{k}\right)^k\left(\dfrac{c_2}{l}\right)^l\left(\dfrac{c_3}{1-k-l}\right)^{2-k-l}} \\
w_2^* = \dfrac{D\left(\dfrac{k}{c_1}\right)^{\frac{k}{2}}\left(\dfrac{l}{c_2}\right)^{\frac{l+1}{2}}\left(\dfrac{1-k-l}{c_3}\right)^{\frac{1+k+l}{2}}}{c_3+c_3\dfrac{k+l}{1-k-l}+\rho\varphi^2 D^{-2}\left(\dfrac{c_1}{k}\right)^k\left(\dfrac{c_2}{l}\right)^l\left(\dfrac{c_3}{1-k-l}\right)^{2-k-l}} \\
w_3^* = \dfrac{D\left(\dfrac{k}{c_1}\right)^{\frac{k}{2}}\left(\dfrac{l}{c_2}\right)^{\frac{l}{2}}\left(\dfrac{1-k-l}{c_3}\right)^{\frac{k+l}{2}}}{c_3+c_3\dfrac{k+l}{1-k-l}+\rho\varphi^2 D^{-2}\left(\dfrac{c_1}{k}\right)^k\left(\dfrac{c_2}{l}\right)^l\left(\dfrac{c_3}{1-k-l}\right)^{2-k-l}}
\end{cases}
\tag{7-9}
$$

7.3.3 承包人努力程度激励因素分析

结论1：承包人投入工程项目进度、工程成本以及工程质量目标任务的努力程度与承包人自身资质与技术能力水平呈正相关。

证明：通过一阶求导运算，有 $\dfrac{\partial w_1^*}{\partial D}>0$、$\dfrac{\partial w_2^*}{\partial D}>0$、$\dfrac{\partial w_3^*}{\partial D}>0$。

具备较高综合能力水平的承包人，通过施工活动完成合同约定的工作成果，获得发包人对待给付，从而实现较高的合同收益目标。与此同时，承包人激励程度较高，愿意付出更多努力，促进合同目标任务的实现，提高了双方的履约效率。所以，对于发包人来说，即便存在信息不对称的约束限制，通过科学手段准确甄别优质承包人进行合作是非常必要的。

结论2：承包人投入工程项目进度、工程成本以及工程质量目标任务的努力程度与承包人边际努力成本变化率呈负相关。

证明：通过一阶求导运算，有 $\dfrac{\partial w_1^*}{\partial c_1}<0$，$\dfrac{\partial w_2^*}{\partial c_2}<0$，$\dfrac{\partial w_3^*}{\partial c_3}<0$。

发包人应及时发现承包人的最优努力程度受边际努力成本变化率的影响。当成本、工期、质量三项任务上的边际努力成本变化率提高时，承包人要支付更多的努力成本，承包人履约的积极程度将不再提高，努力程度也会有所下降。例如，发包人如果对项目工期的要求较高，承包人迫于压力需要压缩工期完成施工，会牺牲休息时间投入工作，但如果并不因此获得更多的收益，那么可能会造成承包人积极性大打折扣，同时可能会对工程项目产出产生负面影响。

结论 3：承包人投入工程成本、工程项目进度、工程质量的最优努力程度由目标任务的重要或紧迫程度和该项目标任务的相对边际努力成本变化率决定，当任务越重要或越紧迫时，在相对边际努力成本变化率越低的条件下，承包人在该项任务中投入的努力程度就会越大。

证明：$w_1^* = \sqrt{\dfrac{c_3 k}{c_1(1-k-l)}} w_3^*$，$w_2^* = \sqrt{\dfrac{c_3 l}{c_2(1-k-l)}} w_3^*$，令 $\lambda = \sqrt{\dfrac{c_3 k}{c_1(1-k-l)}}$，$\tau = \sqrt{\dfrac{c_3 l}{c_2(1-k-l)}}$，$w_1^* = \lambda w_3^*$，$w_2^* = \tau w_3^*$。可将 $\lambda(k, l, c_1, c_3)$ 和 $\tau(k, l, c_2, c_3)$ 看成在给定 (c_1, c_2, c_3) 时关于 (k, l) 的二元函数。当发包人将工程项目进度视为第一顺位目标时，$k > l \geqslant 1-k-l$，$\sqrt{\dfrac{c_3}{c_1}}$ 较小时，相对努力程度系数 λ 越大；若发包人对项目成本赋权更多，$l > k \geqslant 1-k-l$，$\sqrt{\dfrac{c_3}{c_2}}$ 较小时，相对努力程度系数 τ 越大。

7.3.4　承包人当期履约激励系数分析

结论 4：当承包人风险偏好为规避型时，当期履约激励系数随着风险规避程度增加而降低。当外部环境处于不平稳状态时，发包人对承包人的激励作用较弱。当承包人具备较高的资质及实力时，发包人对承包人的激励作用较强。

证明：$\dfrac{\partial \beta}{\partial \rho} < 0$，$\dfrac{\partial \beta}{\partial \varphi^2} < 0$，$\dfrac{\partial \beta}{\partial D} > 0$。

正式契约下的履约激励系数随着承包人风险规避程度的提升而减少，两者呈负相关。若发包人在合同中将大部分的风险转移给承包人，风险规避型承包人会迫于一定市场竞争压力接受合同条款，但在履约过程中可能会通过道德风险行为转移自身风险。所以发包人应判别承包人的风险偏好与风险承受能力：若承包人风险规避程度较低、适应外界变化性因素的风险承受能力较高，发包人可以采用合同价格激励手段；若承包人风险规避程度较高、自身应对风险的能力较低，发包人可以考虑在合约中提高对承包人固定报酬的支付，减少激励部分的比例。

结论 5：控制外部不确定性、风险规避系数、承包人资质及实力水平等变量，得出较高的工期、成本和质量目标的边际努力成本变化率之和会减少履约激励的作用，即履约激励系数与承包人边际努力支出变化率之和呈负相关。

证明：设函数 I 是工期进度、成本、质量的指数函数，反映了激励程度的强弱变化，有 $I=\left(\frac{c_1}{k}\right)^k\left(\frac{c_2}{l}\right)^l\left(\frac{c_3}{1-k-l}\right)^{1-k-l}$，化简得 $\beta^*=\frac{1}{1+\rho\varphi^2D^{-2}I}$，易证，当 I 增加时，β 随之递减。令 I 的一阶导数为零，解得极值点为 $(k^*, l^*)=\left(\frac{c_1}{c_1+c_2+c_3}, \frac{c_2}{c_1+c_2+c_3}\right)$，极大值 $I^*=c_1+c_2+c_3$，所以当建设工程项目的边际努力成本变化率之和较大时，应采取较低的激励强度。

7.4 算例模拟分析

为了验证正式契约下当期履约激励模型的可行性，本节拟通过数据模拟方式展开算例分析。假设外界的不确定性因素为 φ，$\varphi\sim N(0, \phi^2)$，$\phi^2=3$；发包人为风险中性；承包人为风险规避者，其风险规避系数为 $\rho=5$；承包人的综合能力水平 $D=10$。

7.4.1 正式契约下承包人努力程度影响因素分析

承包人综合能力水平对各目标任务的努力程度的影响如图 7-1 所示。承包人边际努力成本变化率对各目标任务的努力程度的影响如图 7-2 所示。

可以看出，在各项任务相互独立的条件下，承包人综合能力水平能够影响对各目标任务的努力程度，且两者呈正相关。当承包人具备丰富的施工与人员管理经验时，在任意一项任务中，边际努力成本变化率越小，对该目标任务的努力程度越大，即投入更多的时间、人力、物力等。

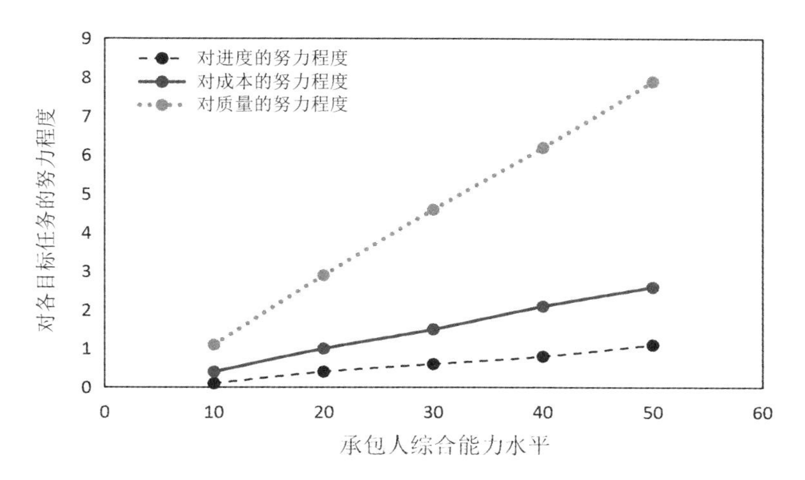

图 7-1 承包人综合能力水平对各目标任务的努力程度的影响

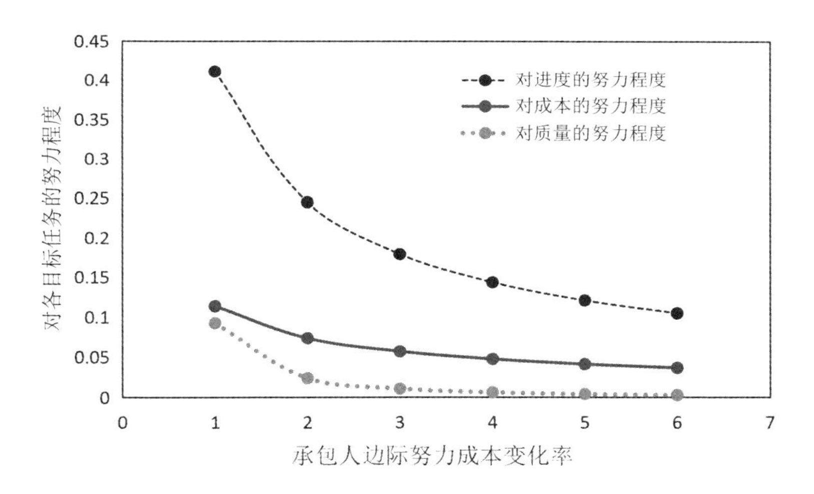

图 7-2 承包人边际努力成本变化率对各目标任务的努力程度的影响

令 $c_1=c_3$，l 分别取 0.05、0.15、0.35，$0<k<1$ 时，相对努力程度系数 λ 随着工程进度相对重要性 k 的增加呈递增趋势，如图 7-3 所示。发包人将项目进度作为首选项时，会与承包人在合同或协议中提前约定具体的项目工期节点。对于工期节点，发包人一般会在合同中约定工期违约金，且该节点对于发包人越关键，完成该工期目标就对承包人越重要，承包人在工期中的投入就越多，否则将面临高额违约金的赔偿。当 k 趋近 0 时，λ 趋近 0，说明此时发包人并未对承包人工期进度有过高要求。在工期较为充裕的情况下，承包人对工期进度的投入较低。当 k 趋近 1 时，λ 趋向正无

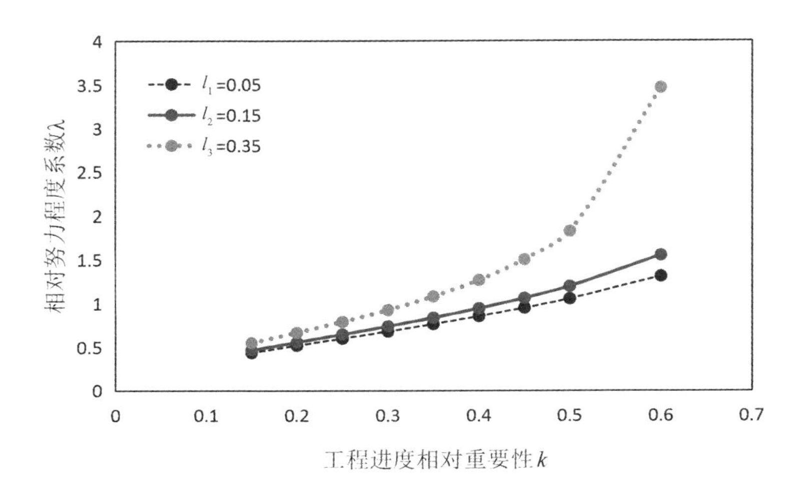

图 7-3　$c_1=c_3$ 时，工程进度相对重要性对相对努力程度系数的影响

穷，说明此时工程进度目标对承包人十分重要。一方面，该工期节点对发包人十分关键，若承包人未能按期交付，发包人会面临一定的经济损失，所以发包人一般会在签订合同时约定逾期违约金的赔偿金额或比例，承包人会基于事先约定努力如期完成工程项目。另一方面，若承包人即将面临工程交付，承包人会投入较多到项目进度中，若临期前工程进度还较缓慢，承包人可能会采取一切手段完工，如增加施工工人每日的工作时间，对工程质量目标、成本目标进行弱化处理。所以发包人要预防这种情形出现：其一，发包人委托监理派驻工程项目，在各阶段督促承包人完成任务，而非在最后时间节点赶工；其二，区分关键节点与非关键节点，对于关键节点的工期控制可以在合同约定中适当提高违约金的额度，一方面能起到约束承包人的作用，避免道德风险行为，另一方面可以在承包人未能如期交付工程时得到相应的赔偿弥补损失。另外，发包人应注意保留承包人工期违约的证据，以免在索赔时出现举证不能而无法获得赔偿的情况。当 k 一定时，l 增大，λ 随之增加。这表明承包人如果重视工程成本，会在工程进度方面付出一定程度的努力，减少设备租用费、人工费等成本。

令 $c_2=c_3$，k 取 0.1、0.25、0.4，$0<l<1$ 时，相对努力程度系数 τ 随着成本重要性 l 的增加呈递增趋势，如图 7-4 所示。当成本相较于质量

的重要性不断增加时，承包人会在成本控制上投入更多精力。当 l 趋近 0 时，τ 趋近 0，这说明此时该工程项目不会出现资金不到位的情形，发包人更希望承包人能在工程质量、工期进度方面做到最优，所以发包人可以在合同中设立相应的正向激励条款，为承包人提供工程质量合格、提前完工等方面超额达标的奖励。当 l 趋近 1 时，τ 趋向正无穷，说明承包人十分看重成本控制因素。一方面，发包人可能在资金方面有所限制，在与承包人合作时，为了达到节约成本的目的，只好降低对质量和工期方面的标准与要求。另一方面，承包人可能垫资施工，在施工过程中会尽可能压缩工程成本防止自身资金周转困难而降低工程质量，甚至会采取偷工减料、以次充好等手段来节约成本，在工期、人力投入方面大打折扣。当 l 一定时，k 增大，τ 随之增加，这表明承包人如果重视工程进度，会在成本方面付出一定程度的努力，按照合同约定在保证质量合格的前提下如期完工。

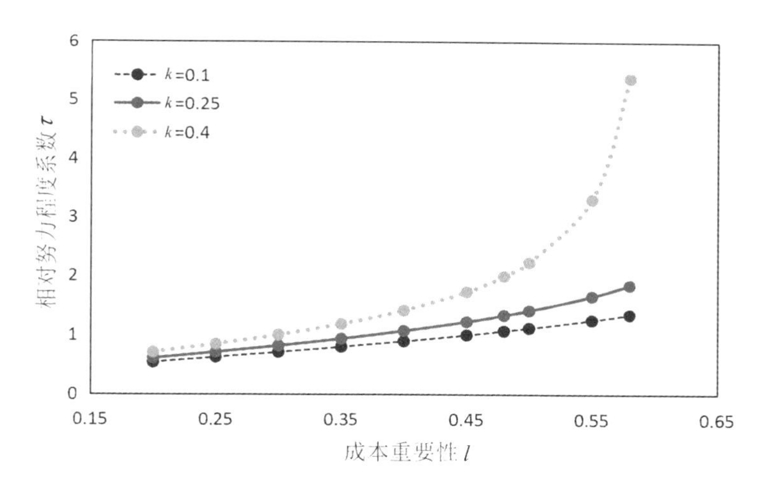

图 7-4　$c_2=c_3$ 时，成本重要性对相对努力程度系数的影响

$c_1 \neq c_3$、$c_2 \neq c_3$ 时，存在 $c_1 > c_3$ 或 $c_1 < c_3$、$c_2 > c_3$ 或 $c_2 < c_3$ 的情形，表明承包人在工期、工程成本上的努力程度相较于质量方面付出的努力更高或更低，其比例由 $\sqrt{\frac{c_3}{c_1}}$ 和 $\sqrt{\frac{c_3}{c_2}}$ 决定。分别赋值 c_1、c_2、c_3，有不同的曲面图像（见表 7-2）。

表 7-2　赋值 c_i 的弱激励区坐标及函数 I 曲面图像

c_1	c_2	c_3	I	弱激励区坐标	图像
1	1	1	$\left(\frac{1}{k}\right)^k\left(\frac{1}{l}\right)^l\left(\frac{1}{1-k-l}\right)^{1-k-l}$	$(k, l)=\left(\frac{1}{3}, \frac{1}{3}\right)$	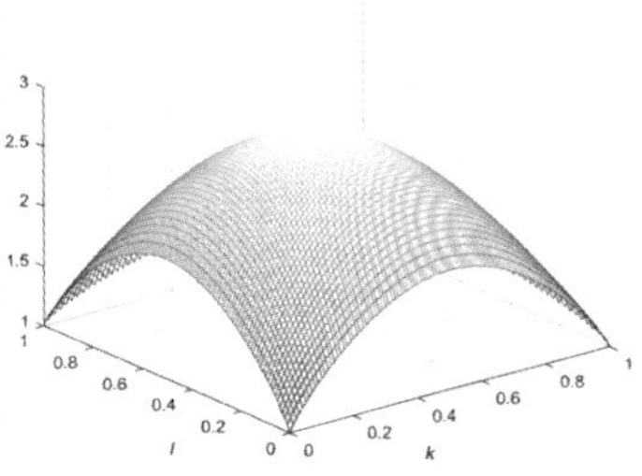
1	2	3	$\left(\frac{1}{k}\right)^k\left(\frac{2}{l}\right)^l\left(\frac{3}{1-k-l}\right)^{1-k-l}$	$(k, l)=\left(\frac{1}{6}, \frac{1}{3}\right)$	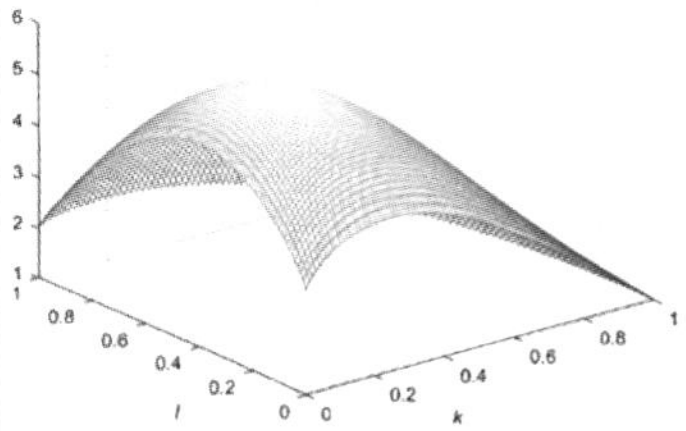
1	3	2	$\left(\frac{1}{k}\right)^k\left(\frac{3}{l}\right)^l\left(\frac{2}{1-k-l}\right)^{1-k-l}$	$(k, l)=\left(\frac{1}{6}, \frac{1}{2}\right)$	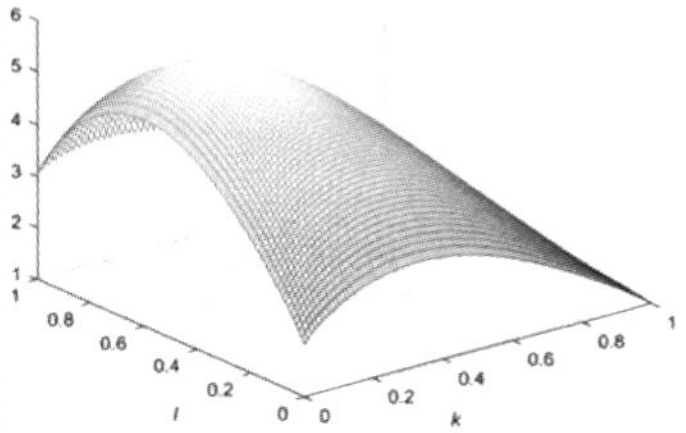
2	3	1	$\left(\frac{2}{k}\right)^k\left(\frac{3}{l}\right)^l\left(\frac{1}{1-k-l}\right)^{1-k-l}$	$(k, l)=\left(\frac{1}{3}, \frac{1}{2}\right)$	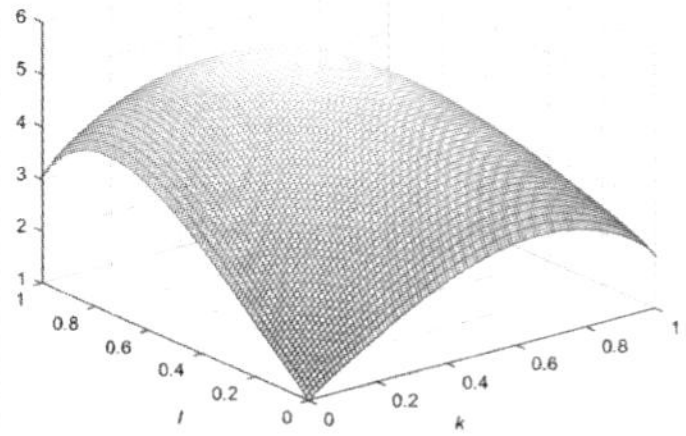

续表

c_1	c_2	c_3	I	弱激励区坐标	图像
3	2	1	$\left(\frac{3}{k}\right)^k\left(\frac{2}{l}\right)^l\left(\frac{1}{1-k-l}\right)^{1-k-l}$	$(k, l)=\left(\frac{1}{2}, \frac{1}{3}\right)$	

$c_1=1$、$c_2=1$、$c_3=1$ 时，弱激励区坐标为 $(k, l)=\left(\frac{1}{3}, \frac{1}{3}\right)$；$c_1=1$、$c_2=2$、$c_3=3$ 时，弱激励区坐标为 $(k, l)=\left(\frac{1}{6}, \frac{1}{3}\right)$；$c_1=1$、$c_2=3$、$c_3=2$ 时，弱激励区坐标为 $(k, l)=\left(\frac{1}{6}, \frac{1}{2}\right)$；$c_1=2$、$c_2=3$、$c_3=1$ 时，弱激励区域坐标为 $(k, l)=\left(\frac{1}{3}, \frac{1}{2}\right)$。从图像中可以看出，当 c_1、c_2、c_3 中的两个调整，另一个保持不变，那么图像的极大值点相同。

在承包人履约的过程中，工程进度、成本、质量目标任务的相对重要性与承包人在某项目标任务上付出努力所承担的代价成反比例关系。偏离图像弱激励区时，有该项任务相对重要性较高且承包人在该项任务上支付的努力成本较低的情形，那么对应发包人会选择较高的履约激励系数，即发包人会通过高强度激励使承包人在自身的能力水平范围内投入更多努力去完成更加重要与紧迫的任务，达到提高工程项目系统收益，提高承包人履约效率的目的。反之，靠近图像弱激励区时，承包人可能需要付出较多才能实现任务目标，会产生较高的成本，发包人采取较高强度激励也不一定能实现强激励作用，可能会降低项目履约效率，可能会导致承包人出现道德风险行为造成履约障碍。

承包人存在综合能力水平临界值，大于临界值时，随着履约激励系数的升高，承包人并不会获得更多收益，所以仅凭借正式契约的激励作用无法达到最优激励水平。不同履约激励系数正式契约计算结果如表 7-3

所示。承包人综合能力水平对确定性等价收益的影响如图 7-5 和图 7-6 所示。

表 7-3　不同履约激励系数正式契约计算结果

当期激励系数 β	承包人综合能力水平 D	承包人确定性等价收益 $CE_c\times0.01$	发包人确定性等价收益 $CE_0\times0.01$	项目系统收益 TCE×0.01
0.0002	0.01	2.0000	−1.9992	0.0008
0.0041	0.05	2.0000	−1.9793	0.0207
0.0164	0.10	2.0000	−1.9180	0.0820
0.0625	0.20	2.0000	−1.6875	0.3125
0.1304	0.30	1.9999	−1.3478	0.6521
0.2105	0.40	1.9999	−0.9473	1.0525
0.2941	0.50	1.9998	−0.5293	1.4705
0.5161	0.80	2.0099	0.5762	2.5861
0.6250	1.00	2.0002	1.1255	3.1258
0.7895	1.50	2.0014	1.9481	3.9495
0.8696	2.00	2.0027	2.3486	4.3513
0.9124	2.50	2.0038	2.5628	4.5665
0.9375	3.00	2.0046	2.6882	4.6928
0.9533	3.50	2.0052	2.7671	4.7724
0.9639	4.00	2.0055	2.8198	4.8254
0.9696	4.375	2.0056	2.8486	4.8542
0.9766	5.00	2.0054	2.8833	4.8887
0.9806	5.50	2.0049	2.9032	4.9081
0.9836	6.00	2.0042	2.9184	4.9226
0.9860	6.50	2.0032	2.9304	4.9335
0.9879	7.00	2.0019	2.9399	4.9418

由上可以看出，在不同风险规避系数下，承包人存在综合能力水平最高临界值，承包人在此基础上投入更高努力并不会获得更多收益，发包人花费更多激励成本并不会获取更高的项目系统收益。通过计算可知，承包

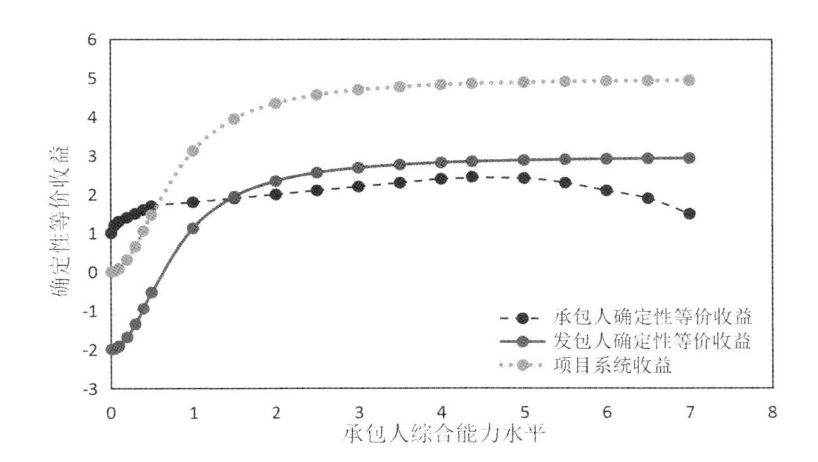

图 7-5　承包人综合能力水平对各方确定性等价收益的影响

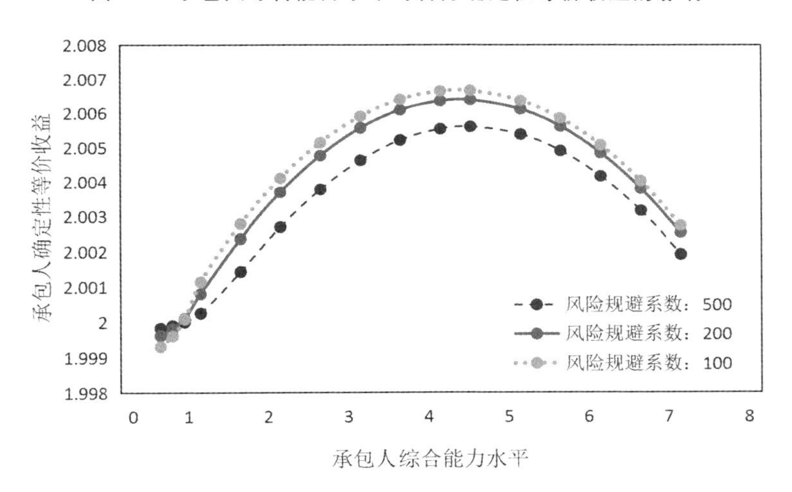

图 7-6　承包人综合能力水平对其确定性等价收益的影响

人亦存在综合能力水平最低临界值，当承包人的综合能力水平低于该值时，即便此时发包人提供更多激励，承包人也难以满足发包人的需求，难以完成项目任务，甚至使发包人亏损，所以发包人在项目招标时应该加强自身的甄别能力，择优选取承包人订立合同。

7.4.2　影响正式契约下履约激励系数的函数关系

通过算例模拟分析，我们绘制了承包人风险规避系数、外部环境不确定性、承包人综合能力水平、边际成本变化率之和与正式契约下履约激励系数的函数关系图像，如图 7-7 至图 7-10 所示。在研究某一参数的影响作用时，控制其他变量不变。

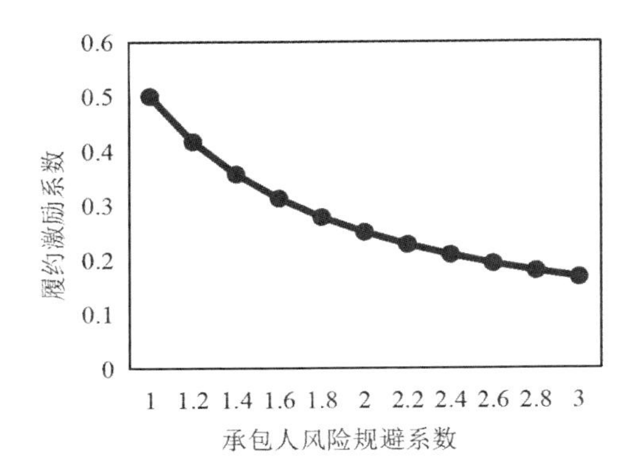

图 7-7 履约激励系数与承包人风险规避系数的函数关系图

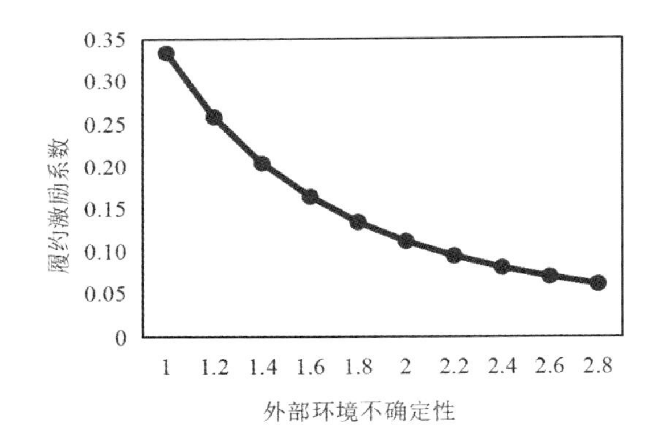

图 7-8 履约激励系数与外部环境不确定性的函数关系图

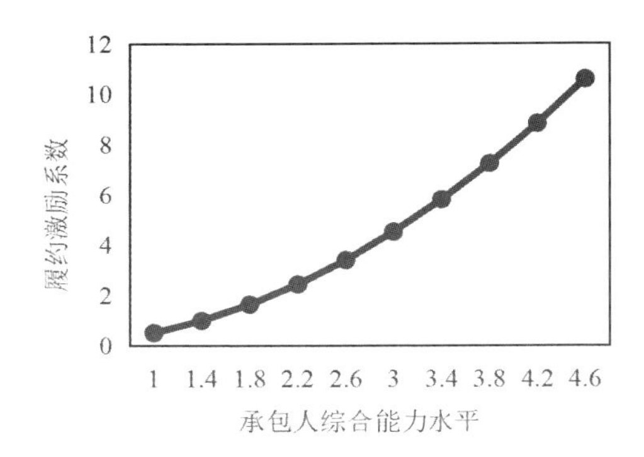

图 7-9 履约激励系数与承包人综合能力水平的函数关系图

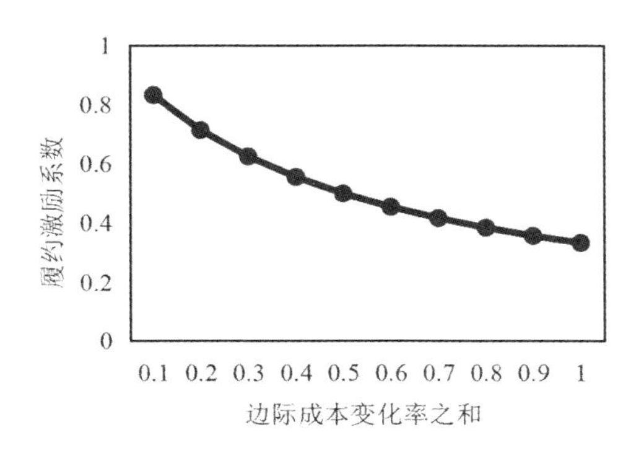

图 7-10　履约激励系数与边际成本变化率之和的函数关系图

可见，正式契约下履约激励系数与承包人综合能力水平呈正相关，与外部环境不确定性、承包人风险规避系数、边际成本变化率之和呈负相关。发包人可以通过价格激励机制防范承包人的道德风险行为。首先，在招标投标阶段，承包人可能通过降低工程成本报价的方式中标，甚至使报价低于工程成本，那么这时合同的初始状态就已偏离效率路径，承包人在履约过程中极易产生机会主义倾向并为节约成本偷工减料。因此，发包人在筛选承包人时，应注意投标报价要处于合理区间，应对承包人的资质、技术能力水平、抗风险能力做出评估。其次，在合同订立阶段，发包人可能在实现预期项目收益的条件下，结合项目本身特点、承包人预期投入、保留效用等设计激励条款，在激励条款中明确目标任务激励标准，并设定严格的奖惩评价机制。在履约过程中，发包人对承包人的工程项目任务情况进行监督与定期考评，避免承包人为追求某一任务目标忽视其他项目任务的情况发生。

7.5　本章小结

本章通过拓展多任务委托代理模型，构建正式契约下当期履约激励模型，以期达到防范承包人的道德风险行为的目的。

在正式契约下，发包人对承包人的激励作用主要体现在以下三个方面。

(1) 发包人与承包人的风险分配条款设置。风险分配与合同对价正相关，体现出符合承包人风险偏好的风险溢价。

(2) 适当调整工期、成本、质量合同激励条款促进承包人努力程度的提升。

(3) 正式契约自身具备的可测度性约束了承包人的道德风险行为且能被法院等第三方观测，保护了发包人合法权益。

在承包人单边道德风险情形下，发包人与承包人订立正式契约，能在一定程度上激励承包人努力完成任务，但是该激励作用仍存在一定的局限性。这种局限性产生的原因主要体现在以下四个方面。

(1) 通过调整履约系数改变在双方间的收益分享额，激励承包人在多任务工程项目中投入会造成发包人的激励成本过高。

(2) 发包人需要在前期选择承包人时对其进行尽职调查，对其资质、行为记录有较为准确的评估，才能采取适当的履约激励手段。发包人对承包人的资源禀赋产生认知偏差，可能导致项目亏损。

(3) 如果双方订立的合同是单次、短期的，承包人对于建立长期收益的合作关系的需求无法得到满足，若单次的合同交易行为对以后的合作交易无显著影响，可能会激发承包人道德风险行为动机。

(4) 正式契约的激励作用局限于双方已在合同或协议中约定的内容，若双方因节约交易成本未在合同中明确记录或只通过口头协商，一旦事后出现履约障碍，第三方难以观测、验证并做出判定。

第 8 章
关系契约下远期履约激励模型

8.1 模型假设提出

在关系契约中，发包人与承包人的博弈主要涵盖两个阶段：第一阶段，发包人与承包人约定承包人最低项目产出，规定其投入施工项目努力基础值，承诺项目奖励，并配合实施承包人提出的合理建议；第二阶段，承包人甄别发包人提供的承诺是否具有自我执行力并根据该强度决定自身的努力投入。

假设一：与正式契约中的假设一致，在建设工程项目中，承包人的工作目标主要包括质量目标、成本目标、进度目标。为简化模型，我们认为三个项目管理目标对项目收益的影响作用具有一致性。承包人的某些行为并不能准确地被发包人观测到，也难以被第三方测度验证，不能被写入正式契约。

假设二：发包人对承包人完成的工作成果进行评价，评价结果分为满意与不满意。评价结果为随机变量 X，满意的概率为 P，$X=0$ 代表发包人对承包人交付工程做出不满意评价，$X=1$ 代表发包人对承包人交付工程做出满意评价，如表 8-1 所示。

表 8-1　评价结果两点分布规律

X	0	1
概率	$1-P$	P

假设三：该建设工程项目承包人的产出函数为 $\pi(X)$，π 服从两点分布，如表 8-2 所示。发包人对施工项目的评价结果为满意时，承包人的收益为 $\pi(X=1)=Q$；不满意时，收益为 $\pi(X=0)=0$。

表 8-2　承包人收益两点分布规律

$\pi(X)$	0	Q
概率	$1-P$	P

假设四：发包人与承包人间存在信息不对称，即合同一方当事人拥有另一方当事人无法验证的信息。发包人的信息优势在于，发包人可能隐藏

建设项目相关信息（如资金未落实、提供项目资料不完整或不准确等），也可能隐藏自身相关信息（如指定分包人或者供应商、经营不善、财务困难等）。我们假设发包人对承包人的信任及对努力成果的支持程度为 m。承包人的信息优势在于对施工现场以及在建工程的实际控制。我们假设承包人的私人信息为其工作努力程度 w。其他信息默认为双方共享。双方当事人的信息优势，是双方博弈的基础，是影响发承包双方合同履行决策的重要依据。因此，发包人对承包人的评价结果，即该合同目标实现的概率，很大程度受信任及对努力成果的支持程度，以及对方努力工作的程度的影响。我们假设合同目标实现的概率为 $P(m, w)$。$m \in [0, 1]$：$m=0$ 表示发包人对承包人不信任与不支持其工作；$m=1$ 表示发包人完全信任与支持承包人的工作。$w \in [0, 1]$：$w=0$ 表示承包人在工作中没有付出努力；$w=1$ 表示承包人付出了全部努力。同时，我们假设承包人的综合能力水平是其将努力转换为产出的基础，技术创新升级、单位经营管理水平以及建筑工人素质等对合同目标的贡献程度为 ε_2，发包人信任与支持工作对项目的贡献程度为 ε_1，那么有

$$P = P(m, w) = \left(\frac{\varepsilon_1 m + \varepsilon_2 w}{\varepsilon_1 + \varepsilon_2}\right) \tag{8-1}$$

式中：$\varepsilon_1 < \varepsilon_2$。

发包人对承包人工作成果评价为满意的概率随着 m、w 的增加逐渐增大。当承包人边际努力达到一定程度时，得到同等单位发包人满意评价的概率需要承包人付出更多努力，此时会提高努力成本，衍生的交易成本需要承包人承担，因此承包人努力的程度会有所降低。因此，关于 m、w 的函数 $P(m, w)$ 满足边际递减规律且函数为凹函数。

假设五：发包人成本函数为 $C_1(m) = \frac{1}{2}\delta m^2$，$\frac{\partial C_1(m)}{\partial m} > 0$，$\frac{\partial C_1{}^2(m)}{\partial^2 m} > 0$；承包人成本函数为 $C_2(w) = \frac{1}{2}bw^2$，$\frac{\partial C_2(w)}{\partial w} > 0$，$\frac{\partial C_2{}^2(w)}{\partial^2 w} > 0$。

假设六：在正式契约中，双方的合同条款是可被观测的，假设承包人规避风险更加符合实际情形；在关系契约中，合同条款难以被第三方证实，

为了简便计算，假设发包人与承包人是风险中性的。发包人根据产出对承包人予以激励，发包人希望通过关系契约的设计使承包人努力工作并提高专用性资产投资，实现收益最大化。支付函数选用“固定酬金＋奖励”的结构，所以发包人的支付函数为

$$Z(\pi)=w_a+\beta\pi \tag{8-2}$$

式中：w_a —— 固定支付的工程款；

β —— 共享收益激励/合作剩余分享系数；

$\beta\pi$ ——承包人的合作剩余收益分享额。

8.2 远期履约激励模型构建与求解

(1) 承包人的成本-收益函数如下：

$$\mathrm{CE}_u=w_a+QP(m',\ w')\beta'-C_2(w') \tag{8-3}$$

式中：$C_2(w')$ —— 发包人给承包人的固定报酬，取决于承包人保留效用；

$QP(m',\ w')\beta'$ —— 承包人的合作收益分享额。

(2) 发包人的成本-收益函数如下：

$$\mathrm{CE}_c=(1-\beta')QP(m',\ w')-w_a-\mathrm{C}_1(m') \tag{8-4}$$

(3) 项目系统成本-收益函数如下：

$$\mathrm{TCE}=QP(m,\ w)-C_1(m)-C_2(w) \tag{8-5}$$

在关系契约中，满足发包人自我履约性的条件表现为具有自我履约执行力的长期收益大于无自我履行执行力的收益，也就是发包人给予承包人激励的长期收益大于不给予激励的收益。若发包人能信守承诺，承包人将付出相应的努力；若发包人不能信守承诺，关系契约将失效。

当发包人履行承诺时，期望收益为 $(1-\beta')QP(m',\ w')-w_a'-C_1(m')$，信守承诺有利于双方的长期合作，关系契约有效，发包人的净现值收益为

$$CE_c'=(1-\beta')QP(m',\ w')-w_a'-C_1(m')+\left\{\sum_{n(n=1,\ 2,\ \cdots,\ t)}^{\infty} r\left[QP(m^*,\ w^*)-w_a'-C_1(m')\right]\right\} \tag{8-6}$$

化简有

$$CE_c{}^r=(1-\beta')QP(m',w')-w_a{}'-C_1(m')+\frac{r}{1-r}CE_c{}' \tag{8-7}$$

当发包人不履行承诺时，承包人与失信的发包人的未来合作过程只能通过正式契约约束，发包人的各期收益为

$$CE_c{}^f=(1-\beta')QP(m',w')-w_a{}'-C_1(m')+\frac{r}{1-r}[QP(m^*,w^*)-C_1(m^*)-C_2(w^*)-\bar{u}] \tag{8-8}$$

式中：$\bar{u}$ ——承包人的保留收入；

r ——贴现因子（$0\leqslant r\leqslant 1$）；

$QP(m^*,w^*)-C_1(m^*)-C_2(w^*)-\bar{u}$ ——正式契约下承包人收益。

根据自我履约条件，发包人履行承诺时有

$$(1-\beta')QP(m',w')-w_a{}'-C_1(m')+\frac{r}{1-r}[QP(m^*,w^*)-C_1(m^*)-C_2(w^*)-\bar{u}]>(1-\beta')QP(m',w')-w_a{}'-C_1(m')+\frac{r}{1-r}CE_c{}' \tag{8-9}$$

发包人与承包人之间的关系契约模型如下：

$$CE_{c\max}=(1-\beta)QP(m',w')-w_a-C_1(w') \tag{8-10}$$

模型满足如下条件：

$$w_a+QP(m',w')\beta-C_2(w')>\bar{u} \tag{8-11}$$

$$(1-\beta')QP(m',w')-w_a{}'-C_1(m')+\frac{r}{1-r}[QP(m^*,w^*)-C_1(m^*)-C_2(w^*)-\bar{u}]>(1-\beta')QP(m',w')-w_a{}'-C_1(m')+\frac{r}{1-r}CE_c{}' \tag{8-12}$$

$$(1-\beta')QP(m',w')-w_a-C_1(m')>w_a+QP(m',w')\beta'-C_2(w') \tag{8-13}$$

$$\beta'\frac{\partial[QP(m',w')]}{\partial w'}-\frac{\partial C_2(w')}{\partial w'}=0 \tag{8-14}$$

$$(1-\beta')\frac{\partial[QP(m', w')]}{\partial m'}-\frac{\partial C_1(m')}{\partial m'}=0 \tag{8-15}$$

式（8-11）表示承包人的参与约束（IR）；式（8-12）表示发包人在关系契约下的自我履约条件；式（8-13）表示发包人在关系契约中的收益高于正式契约中的收益；式（8-14）表示承包人激励相容约束（IC2）；式（8-15）表示发包人的激励相容约束（IC1）。

发包人为了实现最优收益，不会支付超出 $\bar{u}$ 的费用，所以式（8-11）可以取等号，那么有

$$w_a=C_2(w')-QP(m', w')\beta-vQP(m', w_0) \tag{8-16}$$

此时，关系契约模型如下：

$$\mathrm{CE}_{c\max}=QP(m', w')-C_2(w')-C_1(w')-\bar{u} \tag{8-17}$$

模型满足如下条件：

$$\begin{cases}vQP(m', w_0)<\dfrac{r}{1-r}[A(m', w')-A(m^*, w^*)]\\ A(m', w')>A(m^*, w^*)\\ \beta'\dfrac{\partial[QP(m', w')]}{\partial w'}-\dfrac{\partial C_2(w')}{\partial w'}=0\\ (1-\beta')\dfrac{\partial[QP(m', w')]}{\partial m'}-\dfrac{\partial C_1(m')}{\partial m'}-v\dfrac{\partial[QP(m', w_0)]}{\partial m'}=0\end{cases} \tag{8-18}$$

根据目标函数可以得出，发包人的收益取决于建设工程项目系统收益。当该项目系统收益最大时，发包人收益最大。发包人在满足自我履约的约束条件时，应当同时满足实施关系契约的约束条件。为了实现自身收益最大化的目标，发包人要确认激励系数 β'，激励承包人在履行合同时的工作努力程度，加强自身对于承包人的信任与支持，最终实现建设工程施工项目系统收益最大化。

当 $\beta'=1$ 时，发包人最优支持程度为 m^{MY}，在满足 $A(m', w')\geqslant A(m^*, w^*)$ 和 $(1-\beta')Q[P(\widetilde{m}, w')-P(m', w')]-C_1(\widetilde{m})+C_1(m')\leqslant\frac{r}{1-r}[A(m', w')-A(m^*, w^*)]$ 的情况下，由 $Q\beta\frac{\partial P(m', w')}{\partial w'}$ −

$\frac{\partial C_2(w')}{\partial w'}=0$ 可知，承包人会选择 w^{MY}，此时有项目系统收益最大值，显然该建设工程项目最优收益 $A(m^{MY}, w^{MY})$ 不小于该建设工程项目在正式契约条件下的项目系统收益 $A(m^*, w^*)$。此时，如欲达到工程项目系统收益最大化的目标，关键在于自我履约条件的成立。进一步假设建设项目合同目标实现概率、发包人和承包人的成本函数可求模型的最优解。

将 $\widetilde{m}=\widetilde{m}(\beta')=\frac{Q}{\delta}\frac{\varepsilon_1}{\varepsilon_1+\varepsilon_2}(1-\beta')$，$w'=w'(\beta')=\frac{Q}{b}\frac{\varepsilon_2}{\varepsilon_1+\varepsilon_2}\beta'$ 代入，得最优解为

$$\max\{A(m', w')-w_M\} \tag{8-19}$$

满足以下关系：

$$\begin{cases}\frac{r}{1-r}[A(m', w')-A(m^*, w^*)]\geqslant(1-\beta')Q\\ [P(\widetilde{m}, w')-P(m', w')]-C_1(\widetilde{m})+C_1(m')\\ A(m', w')\geqslant A(m^*, w^*)\end{cases} \tag{8-20}$$

求解得最大值点 (m^{MY}, w^{MY})。

若 (m^{MY}, w^{MY}) 为建设工程项目系统收益的最大值点，则 $\beta'=1$ 与 $r(\bar{r}\leqslant r\leqslant 1)$ 是关系契约中系统收益最大化的条件，折现系数的临界值为

$$\bar{r}=\frac{C_1(m^{MY})}{C_1(m^{MY})+A(m^{MY}, w^{MY})-A(m^*, w^*)}$$

因 (m^{MY}, w^{MY}) 是 $A(m, w)$ 的最大值点，$\frac{\partial A}{\partial w}(m^{MY}, w^{MY})=0$ 且 $\beta'=1$，此时 $\widetilde{m}=0$、$m^*\neq m^{MY}$、$w^*\neq w^{MY}$，显然 $A(m^*, w^*)\leqslant A(m^{MY}, w^{MY})$，即正式契约下的工程项目收益不超过工程项目系统最优收益，将 m^{MY}、w^{MY}、$\beta'=1$、$\widetilde{m}=0$ 代入自我履约条件，可得

$$C_1(m^{MY})\leqslant\frac{r}{1-r}[A(m', w')-A(m^*, w^*)]$$

化简可得

$$r\geqslant\bar{r}=\frac{C_1(m^{MY})}{C_1(m^{MY})+A(m^{MY}, w^{MY})-A(m^*, w^*)}$$

可见，随着折现系数的增加，侧重远期收益才是双方最优效率选择。

8.3 关系契约自执行影响因素分析

结论 1：关系契约的自我履约强度为 $S=\frac{r}{1-r}[A(m^{MY}, w^{MY})-A(m^{*}, w^{*})]-C_1(m^{MY})$，随着 S 的增大，关系契约的自执行能力变强，对正式契约的依赖变弱。S 接近 0 时，关系契约的自我履约激励强度较弱，对正式契约的依赖性较强。

结论 2：若 (m^{MY}, w^{MY}) 为建设工程项目系统收益的最大值点，则 $\beta'=1$ 与 $r\in(\bar{r}, 1)$ 是关系契约中系统收益最大化的条件，折现系数的临界值为

$$\bar{r}=\frac{C_1(m^{MY})}{C_1(m^{MY})+A(m^{MY}, w^{MY})-A(m^{*}, w^{*})}$$

结论 3：关系契约的自我履约强度与折现系数 r 正相关。关系契约依赖当事人双方的长期合作关系，与正式契约的不同在于正式契约只关注当期收益，而关系契约更看重远期收益。

证明：对关系契约自我履约强度一阶求导，当 $r\in(0, 0.5)$，$\frac{\partial S}{\partial r}<0$；当 $r\in[0.5, 1]$，$\frac{\partial S}{\partial r}\geqslant 0$。当折现系数介于 0.5 和 1 之间，随着折现系数的增加，关系契约自执行力逐渐增强；若折现系数小于 0.5，关系契约自执行力的效果并不显著。

结论 4：关系契约的自我履约强度与承包人基准努力程度负相关。发包人会与承包人在正式契约中约定基准努力程度。基准努力程度越高，当期正式契约的作用就越显著，进而削弱关系契约，但此时关系契约仍发挥着正向激励的作用。

结论 5：履约激励系数与关系契约的自我履约强度负相关。当发包人通过正式契约承诺对承包人超额任务的完成给予一定比例的奖惩，那么随着履约激励系数的提高，正式契约的约束作用增强，关系契约自执行力被逐渐削弱。

结论6：履约激励系数与折现系数正相关。当折现系数趋近边界值时，履约激励系数趋近1；当折现系数大于临界值时，履约激励系数保持不变，关系契约的激励作用不再增强。

8.4 算例模拟分析

令建设工程项目成功产出收益 $\pi(X)=20$、项目成功概率 $P(m, w)=0.45m+0.55w$、发包人的成本函数 $C_1(w)=3w^2$、承包人的成本函数 $C_2(m)=3m^2$、承包人的保留效用 $u=1$，分析折现系数对关系契约实施的影响，解得 $w^{MY}=0.75$、$m^{MY}=0.917$、$A(m^{MY}, w^{MY})=4.2098$、$\beta^*=0.5$、$m^*=0.375$、$w^*=0.4585$。

从 $r=0$ 开始，针对不同折现系数 r 计算关系契约下的履约激励系数、关系契约自执行力、承包人努力程度、发包人收益、承包人收益、工程项目系统收益，如表8-3所示。

表8-3 不同折现系数下的关系契约计算结果

折现系数	履约激励系数	关系契约自执行力	承包人努力程度	发包人收益	承包人收益	工程项目系统收益
0	0.500	0	0.459	2.127	2.563	4.690
0.1	0.552	1.154	0.506	2.405	2.981	5.386
0.2	0.612	2.575	0.550	2.648	3.480	6.128
0.3	0.671	4.383	0.596	2.841	4.034	6.875
0.4	0.743	6.784	0.642	2.992	4.712	7.704
0.5	0.826	10.146	0.688	3.097	5.523	8.621
0.6	0.925	15.272	0.825	3.156	6.514	9.670
0.62	1	16.821	0.917	3.167	7.248	10.415
0.7	1	24.056	0.917	3.167	7.248	10.415
0.8	1	41.239	0.917	3.167	7.248	10.415
0.9	1	92.787	0.917	3.167	7.248	10.415
1	1		0.917	3.167	7.248	10.415

不同折现系数对应的履约激励系数如图 8-1 所示。

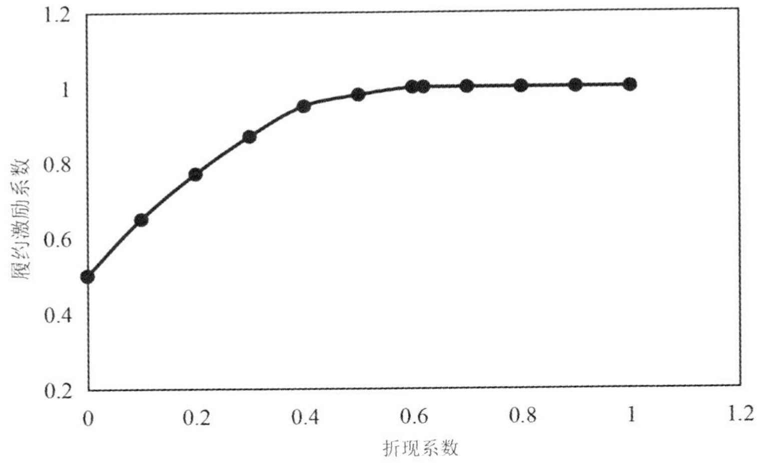

图 8-1 不同折现系数对应的履约激励系数

当折现系数 $r=0$ 时，关系契约与正式契约的激励效果相当。当 $r<0.62$ 时，随着 r 的增加，履约激励系数递增，发包人收益与工程项目系统收益递增；当 $r=0.62$ 时，达到边界，履约激励系数为 1，随着 r 的增加，发包人收益与工程项目系统收益将不再变化。

当 $0\leqslant r<0.5$ 时，发包人与承包人更看重当期收益，更依赖正式契约的激励作用，并且对彼此的信任程度不高，此时履约效率改进效果较差，无法满足自我履约激励的实现条件，更无法弥补在正式制度下合同不完备产生的效率损失。

当 $0.5\leqslant r\leqslant 0.62$ 时，自我履约激励作用的边际成本等于边际收益，双方十分注重声誉的影响，自我履约可以弥补正式契约下不完全性产生的道德风险问题，表现为有效的履约效率改进。

当 $r>0.62$ 时，关系契约的自执行强度不断提高；r 趋近 1 时，关系契约自执行力趋近正无穷。但超过折现系数临界值，折现系数提高不会提高发包人的激励水平，这是因为过高的自执行强度会增加激励成本。当自我履约激励的边际收益大于边际成本时，表现为过度履约效率改进。

通过算例分析，我们进一步验证了关系契约自执行力的影响因素。关系契约自执行力主要受到履约激励系数、折现系数影响，如图 8-2 和图 8-3

所示。这表明发包人与承包人的关系契约是建立在双方的长期信赖关系之上的。随着履约激励系数的增加，各方的收益呈递增趋势，如图 8-4 所示。关系契约对于正式契约中不可测度的任务具有补充激励作用，所以建设工程项目应建立正式契约与关系契约相成、当期激励与远期激励相容的建设项目履约激励组合模式。

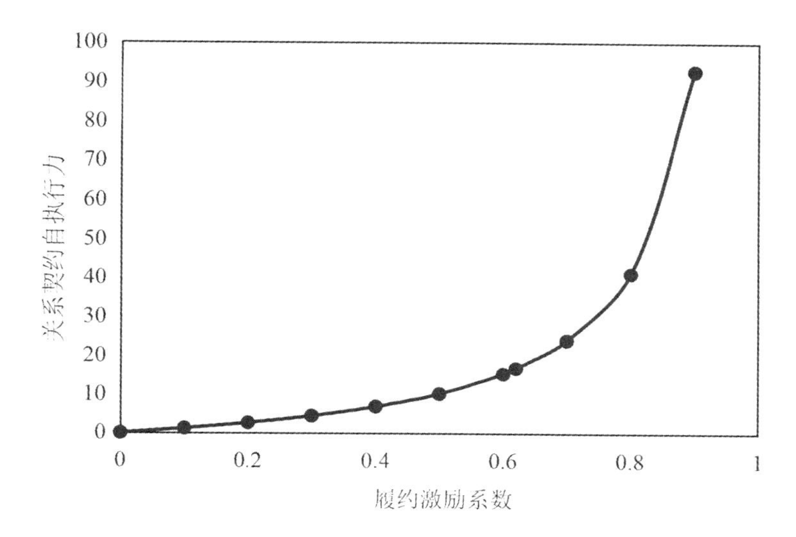

图 8-2　履约激励系数对关系契约自执行力的影响

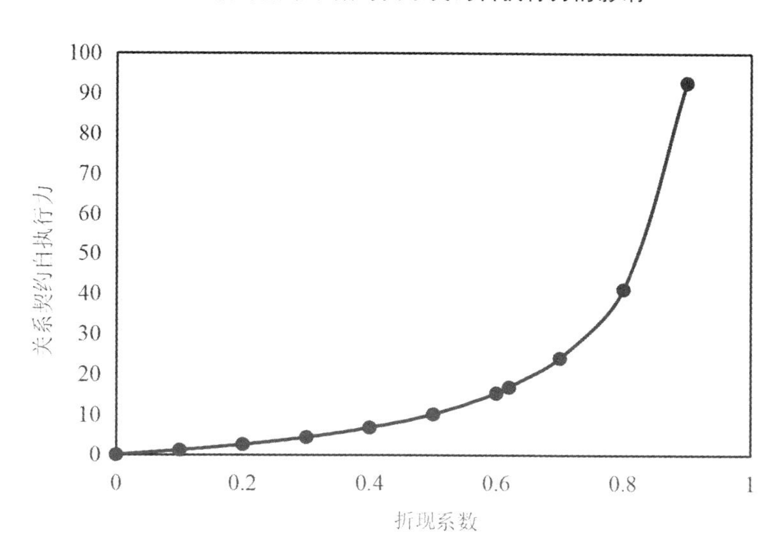

图 8-3　折现系数对关系契约自执行力的影响

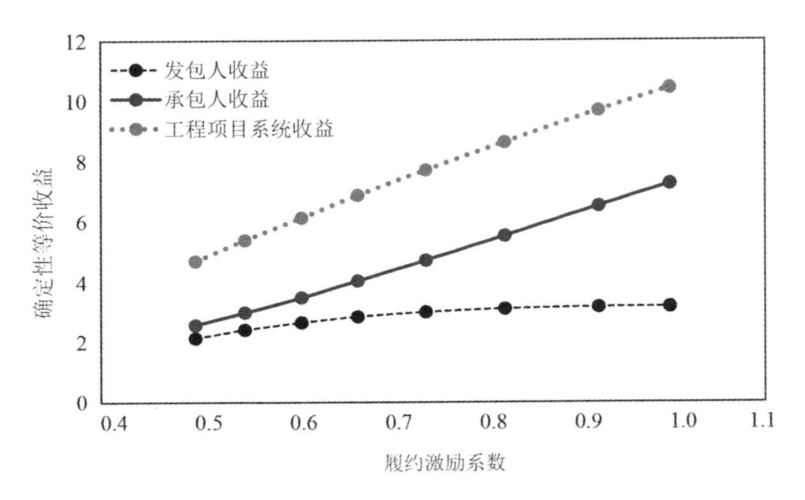

图 8-4 关系契约下履约激励系数对确定性等价收益的影响

8.5 本章小结

正式契约存在激励不足的现象，关系契约的介入能有效弥补这个不足，促进双方履约效率的提升。关系契约的激励作用主要体现在以下方面。

(1) 关系契约通过自执行力调整发包人与承包人的合作关系。关系契约自执行力受折现系数的影响。当折现系数在临界值范围内增加时，关系契约的自我履约强度不断增强。超过临界值后，虽然自执行力仍在提升，但履约激励系数将不再提高。这是因为对于发包人来说，过高的治理水平超过了道德风险水平，会增加交易成本；对于承包人而言，如果自身的综合能力水平不够高、规模不够大，承包人可能更看重当期收益而忽略远期声誉激励。

(2) 关系契约调整长期合作关系。即使承包人与某个项目发包人只签订了一次性合约，但在以后的合作中，其他发包人会通过观察判断该承包人是否是可以信赖的合作对象。违约行为记录会降低该承包人被选中的概率。基于此，本书认为发包人与承包人应建立一种以正式契约为主，关系契约为辅的履约激励组合模式，促进双方的长期交易，提高合同履约效率。我们将在下一章提供激励组合模式及两种契约模式的激励路径。

第 9 章
承包人履约激励路径

9.1 激励：行为、形式与实施

9.1.1 基于契约参照点划分的承包人履约行为

合同主体基于自身履约意愿触发自身是否采取履约行为选择，即合同主体的履约行为过程包括履约意向的选择与履约行为的实现。不论是履约意向的选择还是履约行为的实现，均以合同主体具备履约能力为前提条件。其中，履约能力指合同当事人履行经济合同的实际能力，即当事人具备完全履行合同的条件；履约行为指合同当事人为实现合同目的而采取的具体行动，受合同履行环境影响。

依据 Hart、Moore 提出的契约参照点理论[①]，交易双方通过缔约自由原则建立的契约关系将合同债权与债务依照公平原则在当事人之间进行分配，当事人将该初始分配方案作为事前竞争性缔约收益，此后的合同行为均以此为锚定参照。若估计事后得到的收益高于锚定值，当事人会严格遵守契约；若估计事后得到的收益低于锚定值，当事人会选择采取机会主义行为。

因此，当事人将收益与正式契约所锚定的参照值进行比较会诱发其对合同履行的公平感知，从而影响交易者的履约行为。基于合同参照点，承包人可能选择敷衍履约或者尽善履约。敷衍履约（也称字面履约）是指承包人根据与发包人签订的合同或协议进行项目施工，即敷衍履约是以合同约定为履行标准且受法律保护的一种履约形式，前提是该合同约定不违反法律规定、不违背公序良俗。尽善履约是指承包人积极履行与该合同任务目标无关的绩效行为，即承包人通过努力尽善尽美地完成工程项目，且该努力成果可能是超额的。

---

① HART O, MOORE J. Contracts as reference points [J]. Quarterly Journal of Economics, 2008, 123 (1): 1-48.

9.1.2　基于委托代理理论的显性与隐性激励

在委托代理理论中，为应对不确定性和信息不对称可能衍生的机会主义行为，委托人可以采取显性激励和隐性激励两种方式。显性激励是一种正式激励制度安排：一方面是合同条款约定的固定支付及奖励或扣减等实质性补偿和惩罚，如提前完工奖励、方案优化收益共享、延迟交付违约金等；另一方面是未在合同条款中载明，但可预期的物质或者非物质层面的补偿，如授予荣誉等。隐性激励是独立于合同条款内容的一种非正式制度安排，不依赖物质层面的预期回报激励方式，如在行业中树立较好的声誉、为未来发展蓄能、创造未来更多的交易机会。

建设工程合同是发包人与承包人就承揽交易意思表示一致的结果，是双方就交易中债权、债务分配的一种初始均衡，它界定了建设工程合同的初始合同状态。交易主体尽职履行各自合同义务是合同目的实现的前提，履约能力和履约意愿是实现合同目的的两个核心要素，即只有合同主体具备履约能力且在利己或者利他动机下自愿按照约定履行合同义务，合同目的才有可能实现。但是，当承包人继续履行使合同收益偏离合同参照点时，可能会诱发承包人道德风险行为，所以为了防范承包人道德风险行为，有必要采取一定的履约激励措施。综上所述，本书的履约激励是指通过正式契约与关系契约两种契约激励手段防范承包人道德风险行为，达到履约效率最优水平。

9.1.3　履约激励策略组合模式

在前述研究的基础上，为提高建设工程合同履行效率，减少有损合同效率的机会主义行为，本书提出应结合正式制度下的契约治理与非正式制度下的关系治理方法，寻求有限理性假设条件下建设工程合同目的实现的实践路径。正式契约与关系契约相辅相成，互为补充，这决定了建设工程合同可以有不同的激励组合方案供当事人选择，并存在多种不同的激励策略，包括强合同与强关系的强化型激励策略组合以及正式契约和关系契约互补的均衡型激励策略组合，如图9-1所示。发包人与承包人应基于双方的合作关系网络以及双方的信任程度选择具体的履约激励策略，不仅能防范道德风险行为，也能提升双方的履约效率。

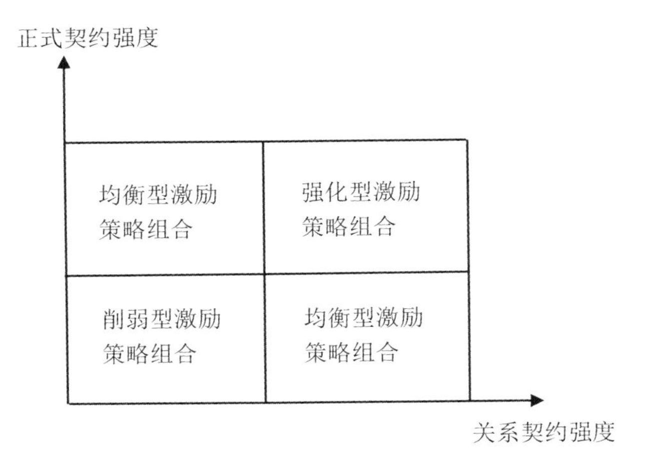

图 9-1 正式契约与关系契约下履约激励策略组合模式

9.2 正式制度下的履约激励路径

在有限理性和信息不对称市场中，不完全施工合同出现履行障碍是“意料之中”的事。正式制度下的法律救济是弥补这种合同不完全性的最直接和最令当事人信服的解决方案。虽然有效的合同法律制度设计不足以弥补所有的合同不完全性，使之成为完全合同，但是其包含了兼具效率和公平指向的规制原则和方法，并对不利于合同目的实现的机会主义行为提供了相应的负激励，从而使合同履行回归效率路径，得到双方当事人满意的结果。

9.2.1 建立合理风险分配机制

在建设工程交付之前，承包人是施工现场的他主占有人。作为建设工程项目的所有权人，发包人的沉没成本较高。而且，发包人与承包人风险会随着工程进度的推进不断变化，如何有效率地将风险在合同当事人之间进行合理分配，直接影响到合同目的和合同效率的实现。诚如第 4 章所言，为了提高合同履行效率，发包人和承包人应在合同签订时适用可预见性风险管理模式对合同风险进行初始分配，应在合同履行中适用可管理性风险管理模式对风险进行动态调整，使发包人和承包人主观上无机会主义行为激励，客观上不偏离合同目的。不论是对发包人还是对承包人来说，合理的风险分配方案应该是合同履行获益不小于其承担的风险成本。在买方市场中，发包人往往违背可预见性风险分配模式要求，利用缔约优势迫使承包人订立合同，结果很可能是大幅度降低承包人履约激励、促使道德风险行为发生、风险再分配谈判成本较高。因此，鉴于债的相对性原理，合理的风险分配方案能够使风险和风险溢价在当事人之间进行相对公平的分配，使权利和义务对价匹配，促使当事人自我履约，降低合同交易成本，进而在自利的基础上提升合同项目的整体效率，实现合同效率目标。

为了保障建设工程合同如约履行，使发包人与承包人风险共担、收益共享，本书建议当事人采取如下风险均衡策略。第一，基于自愿主观风险原则，发包人或承包人可以选择风险自留、共担风险，承包人为缓解风险压力可以依法将非主体工程分包给其他承包人，当事人可以通过工程担保等方式将风险有偿转移给第三人。第二，对于发包人因能力受限而难以控制的风险，发包人可以在建设工程施工合同中设置免责条款，基于经济分析法学中的效率标准（卡尔多-希克斯效率），将风险转移给承包人，将风险限制在可管理范围之内，但这种风险转移需要发包人支付较高合同对价或增加建设投资中的不可预见费用。一般而言，此类风险占总量风险的绝大部分。第三，对于风险较高的建设工程项目，发包人可以通过提高潜在承包人缔约资格，筛选出风险管理能力强的承包人，或者接受专业性较强的承包人以联合体的形式承揽该工程项目。第四，对于难以预计的不可抗力等纯风险，虽然该类风险发生概率较低，但其造成的损失难以估量，当事人可以通过支付一定数额的保险金将该风险转移，将不确定性带来的影响降低到期望最低，从而实现发包人与承包人对于资源的优化配置，进而使不完全合同达到合同效率满意和社会效率提升的效果。此外，我国在《民法典》中新增了情势变更法条，规定当继续履行合同可能会对另一方显失公平时，受到不利影响的一方可以主张再协商，从而使合同恢复到自利性可履行状态。若再协商无法解决双方的合同履行障碍，当事人可以主张合同解除。在该项法律规定未出台前，部分发包人与承包人在工程实践中就双方能够实现合同目的会对原来签订的合同进行适当调整，所以新增法条更是对双方当事人进行再谈判的效率保障，本质上是对双方风险的一种再分配。

9.2.2 设置激励相容的合同条款

债的相对性决定了当事人权利、义务的对等性，不完全合同的“不完全性”会使这种均衡因干扰事件而失衡，因此合同条款不仅是权利、义务的分配结果，而且其应该内含自我履约激励。当遇到干扰或者障碍时，当事人出于自利动机自愿选择合作，这样的合同条款能够有效激励当事人为合同目的互利履行。但是，此类激励相容的合同条款并非独立，本书将结合我国建设工程合同现状，尝试从建设工程项目质量、进度、成本和安全四个维度合理梳理各环节之间的内在勾连，提升建设工程合同激励效果。

(1) 质量管理履约激励条款。

建设工程质量不仅是发包人关注的主要合同目标之一，而且是社会公共问题。在城市化和大基建浪潮中，工程质量问题屡见不鲜，工程质量事故频频发生，与发包人和社会期望值相比仍存在较大差距，这在《“十四五”建筑业发展规划》中也有所明示。

发包人可以考虑从以下几个方面设置合同条款激励承包人，避免偷工减料、以次充好等可能影响工程质量的道德风险行为。首先，奖惩并济，同时设置优质奖金与劣质违约金激励条款，实现正向、负向激励举措并行。除了申报国家优质工程、鲁班奖和地方工程质量奖项，发包人还应该在合同中明示工程质量目标，并将该目标进行鱼骨分解，明确质量标准，并将正向、负向激励条款与质量分解目标匹配，使承包人质量偏差行为及时得到奖励或者矫正。不过，《民法典》规定的违约金旨在补偿非违约方损失，惩罚性较弱。根据《民法典》第五百八十五条第二款的规定，约定的违约金低于造成的损失的，人民法院或者仲裁机构可以根据当事人的请求予以增加；约定的违约金过分高于造成的损失的，人民法院或者仲裁机构可以根据当事人的请求予以适当减少。至于如何认定“过分高于”，司法实践通常以“超过造成损失的百分之三十”作为一般的参考标准，相比较而言，承包人违约成本较低，违约激励较强。因此，当违约收益明显高于违约成本时，承包人更可能会选择违约。这明显不利于合同目的的实现。其次，强化监督管理，设置定期质量考核办法。由于建设工程项目复杂且具备较长的建设周期，发包人应当在施工节点对工程项目阶段性成果予以查验。若发现质量问题或隐患，发包人应及早采取干预的纠偏措施确保工程质量达标，扼杀承包人为谋取合同收益而忽略工程质量的想法。最后，充分利用质量保证金相关条款的设置。发包人通过设置缺陷责任期、承包人提供质量保证金的方式、质量保证金的扣留比例、报修责任等约束承包人行为，保证工程质量达标。承包人提供质量保证金的方式主要包括扣留质量保证金保函约定金额、扣留一定比例的工程款、双方协商约定的其他形式。与此对应的扣留方式包括进度款支付时逐次扣留、竣工结算时一次扣留以及双方约定的其他形式。

如果工程质量问题是由承包人造成的，发包人有权要求承包人返工、修理和改建。发包人应避免工程出现因以下原因造成的工程质量问题，否则也应承担相应过错责任。第一，发包人应避免提供的设计图纸有缺陷或漏洞。第二，发包人提供的材料设备应符合质量标准。第三，发包人未通过承包人进行分包，而是直接指定分包人对非主体结构进行施工，若出现工程质量问题，发包人也应承担责任。第四，发包人不能擅自使用未经竣工验收的工程项目并以质量不合格原因主张权利。例如，在（2020）最高法民终483号一案中，凯创公司作为发包方主张质量缺陷问题应由承包方三建公司赔偿，但其擅自使用未经验收的建设工程且质量问题并非源于地基基础工程和主体结构，根据相关法律及司法解释，法院判定对凯创公司的质量索赔不予支持。在（2021）苏04民终2372号一案中，当事人无法提供相关鉴定检测机构所需材料而致使鉴定不能，因此要承担举证不能的法律后果。所以发包人在激励承包人按照质量标准完成建设工程的同时，要注意上述几类可能会对自身不利的情形，同时保留相关材料，保证承包人因偷工减料造成质量问题时能及时将鉴定材料送检。

（2）成本管理履约激励条款。

在《合同（示范文本）》专用合同条款10.5“承包人的合理化建议”中，双方可以协商约定降低了合同价格或者提高了工程经济效益的奖励的方法和金额。能够在保证优质的条件下降低交易成本可以为发包人带来更多经济效益，可以使承包人获得更多奖励，似乎是两全其美的约定。但是在条款约定的时候会存在以下几个问题。首先，合同条款中对于承包人合理化建议的奖励的办法与额度的约定，多数会采用“双方经协商一致约定给予”等较为概括、粗略、含糊的表述。一方面，双方在订立合同时，为节省时间成本，未能形成统一的意见；另一方面，发包人忽视此专用合同条款，未能意识到履约条款的正向激励作用。其次，工程变更会导致工程项目成本增加，同时工程受不确定性因素影响，如异常的地质条件等。为了激励承包人，发包人可以在合同条款中设置承包人的合理化建议，明晰奖励办法与额度，将具体的细节在合同中体现，并结合合理的风险分担原则保证成本可控。

(3) 进度管理履约激励条款。

在进度管理条款设计时，发包人可以考虑对提前完工采用正向激励手段与对工期延误采用负向激励手段。发包人可以在事前与承包人约定提前竣工奖励并在合同中注明。工期延误首先要判断是哪方造成的。若因发包人原因导致工期延误，发包人要承担工期延误增加的人工费、设备租赁费用等，并给予承包人合理的利润。若因承包人原因导致工期延误，发包人可以在专用合同条款中约定逾期竣工违约金的计算方法和逾期竣工违约金的上限。承包人支付逾期竣工违约金后，不免除承包人完成剩余施工任务与工程修补缺陷的义务。所以发包人在设计进度激励条款时，应当注意以下几个方面。首先，发包人与承包人约定能在竣工验收合格的前提下，对承包人给予每提前一天的固定金额奖励、奖励上限额度等作为正向激励，即便承包人由于各种现实因素没有提前完工，也能作为推动承包人按时完工的履约激励策略。其次，按照工程项目节点划分，发包人要区分承包人原因造成工程项目逾期处于关键节点还是一般的阶段性非关键性节点。关键性节点（如销售节点）对于发包人而言更加重要，把控不好会对发包人造成直接损失，所以发包人对该节点的工期进度会更加谨慎，给予承包人更多监督。因此，发包人可以在合同中适当提高违约金的数额。另外，发包人应尽量避免因自身原因造成的工程逾期。《合同（示范文本）》中规定了发包人原因造成工程逾期的七种情形，笔者认为“发包人如期支付工程预付款、进度款和工程结算款”这一项尤为重要。工程款拖欠是建设工程施工合同中尤为常见的合同纠纷，工程款是承包施工项目的主要经济来源。一旦承包人发现发包人有故意拖欠工程款的机会主义行为或由于经营不善面临破产导致无法支付工程款，承包人出于对自身的保护不会继续施工，可能会导致较长周期的法律纠纷，使双方的履约效率大打折扣。

(4) 安全管理履约激励条款。

首先，在安全生产保障措施方面，发包人通过检查、监督等方式保证承包人履行合约中的安全生产职责，确保安全生产的相关记录完整、详尽。对于实施爆破作业，在放射、毒害性环境中施工（含储存、运输、使用），使用毒害性、腐蚀性物品施工，发包方确认后方可实施。必要时，发包人可以设置负向激励条款，促使承包人按照国家、地方有关安全生产规定执行。其次，在突发治安事件应对方面，发包人监督承包人根据要求做出应急预案。在安全文明施工费设置方面，发包人监督承包人对费用的使用情况进行记录，防止挪用专款。若发现存在挪用专款的现象，承包人负责承担增加的费用与延误的工期。

9.2.3　优化工程担保制度

2022年1月，住建部发布《“十四五”建筑业发展规划》。规划提出，推行工程担保制度：“加快推行投标担保、履约担保、工程质量保证担保和农民工工资支付担保，提升各类保证金的保函替代率。加快推行银行保函制度，探索工程担保公司保函和工程保证保险。落实建设单位工程款支付担保制度。大力推行电子保函，研究制定保函示范文本和电子保函数据标准，加大保函信息公开力度。”

在买方市场中，发包人虽然在合同订立阶段占据谈判优势地位，但是随着工程进度的推进，这种优势逐渐向承包人转移。承包人可能将劣势谈判的妥协利益让渡通过机会主义行为进行弥补。为了规避承包人基于信息不对称可能触发的道德风险，发包人通常会要求承包人提供各种形式的工程担保，通过有震慑力和可执行的金钱担保或者可信赖的保证人担保，以金钱或者第三人信用来规避信息不对称带来的承包人道德风险。

一方面，工程担保制度提高了承包人的缔约成本或违约成本。缔约成本或违约成本越高，承包人道德风险行为激励越小。另一方面，工程担保（特别是金钱担保）提高了承包人的交易成本，有抑制交易的不利影响，因此广泛推行电子保函是降低承包人交易成本的有利选项。但是在实践中，电子保函还存在短板，制约了工程担保制度的良性发展。电子保函的普及需要金融机构的普适业务供给以及发包人的普遍认可。

针对以上问题，本书提出以下解决方案。首先，从供给侧和需求侧全面推行电子保函，提高保函的公开力度。在电子保函的制定层面，实现全流程电子化处理，实现在线提交、在线查核，降低交易成本并提升交易合作效率。在电子保函的流通层面，实现互联、互通、互认，建立资源共享交易网络平台，打破以现金形式的担保交易惯性，逐步形成良性电子保函的应用环境。在电子保函的市场规范层面，制定并推行保函示范文本，统一电子保函的数据标准。其次，有效的工程担保是利于发包人的，是发包人防范承包人道德风险的有效制度安排。电子保函需要健全的金融市场支持，可是目前国内金融市场电子保函业务尚存在较大发展空间。因此，电子保函业务亟须顶层制度设计，这不仅能够对提升建筑市场效率予以支持，而且能够满足丰富金融产品、提高金融机构竞争力的市场需要。

9.3 关系嵌入式履约激励路径

9.3.1 自我履约行为激励

不完全合同的自我履约机制是将一种非强制性处罚施加于有机会主义动机的当事人，促使其信守合同允诺，使其在未来交易过程中遭受的损失大于其目前因违约而获取的收益。一旦一方当事人因眼前利益做出不诚信行为，那么由此带来的后续潜在损失将大于其因当下违约所获的收益。通过合同激励条款设计，发包人能在客观上约束和防范承包人的道德风险行为，承包人能在无监督约束条件下自我规管履约行为，使不完全合同趋向完全履行。不过，自我履约机制发挥作用的前提条件是，承包人基于自利动机的经济权衡。施工合同的不完全性给合同当事人留下了机会主义行为选择权，合同激励缺省或激励不足，将使当事人更倾向于选择实施机会主义行为；反之，当事人将选择自我履约。所以，有效的激励制度安排能够激发承包人的自我履约行为。若持续交易的收益大于当下机会主义行为的收益，承包人将会遵从合同目的，采取有利于合同目的实现的自我履约行为。由此可见，激励相容的自我履约机制是，发包人将激励条款内嵌于不完全施工合同，承包人权衡自我履约收益和机会主义行为收益后认为选择自我履约行为更具经济性。通过持续履约经济奖赏、关系契约、声誉等一系列激励机制，施工合同的不完全性得以弥补，交易成本得以降低，合同效率得以实现。

9.3.2　声誉评价激励

声誉是约束承包人自我履约行为的一项非正式制度安排，是承包人过往履约行为的映射和第三方评价，是市场对承包人交易行为的画像，能够在一定程度上避免发包人与承包人信息不对称带来的隐藏行为。承包人的声誉虽然不是直接交易资源，却是发包人选择缔约对象的重要参考。声誉是承包人的一项无形资产投资，其价值是时间的正函数。承包人的违法、违约或者其他机会主义行为，不仅会波及本次合同交易，而且会对前期声誉累计价值造成影响。声誉越高，机会主义行为成本对其造成的边际折损成本就越高，显然机会主义行为收益难以超过其成本，因此承包人自我履约激励会更强。在实践中，发包人在缔约阶段通过声誉评价来选择承包人，承包人通过声誉约束来激励自我履约行为。在一般情况下，发包人对承包人声誉进行综合评价有以下三种途径。首先，量化缔约资格条件。发包人可以根据目标工程项目设定承包人承揽条件，包括承包人资质、财务状况、工程业绩和人员配备等。上述条件均是承包人资源禀赋的社会化体现。发包人通过对上述条件进行量化评价，择优选择符合合同目的的准承包人，在缔约阶段降低信息不对称的初期信任风险。其次，利用社会信用评价体系。在我国，社会信用评价体系由建设行政主管部门管理，对建筑市场各方主体分门别类进行评价，分为良好行为记录和不良行为记录。其中，承包人不良行为记录认定标准共五大类、四十一条，涉及资质不良、承揽业务不良、工程质量不良、工程安全不良、拖欠工程款和工人工资不良等内容。良好行为记录和不良行为记录是承包人在缔约和合同履行过程中积累的事实证明，客观地反映了承包人的从业历史和行为轨迹，是承包人声誉不可或缺的组成。不过，这种信用评价是以承包人在缔约或合同履行过程中所受行政处罚、行政表彰或奖励为依据的，是承包人的局部画像，相对而言不甚全面。最后，自我调查或第三方评价。发包人可以对潜在承包人进行尽职调查，掌握其声誉评价一手资料；发包人可以通过司法裁判探知承包人过去的机会主义行为惯性。自我调查或第三方评价主要以刻画承包人民事行为为内容，与建设主管部门主导的社会信用评价体系互为补充。

9.3.3 重复合作关系激励

在买方建筑市场中，获得交易机会是承包人持续经营的驱动力。在单次交易中，承包人往往以当期合同利益最大化为履约导向。由于没有下一期交易合作利益期望，承包人当期机会主义行为激励较强，社会交易成本较高。在多次重复交易中，承包人是否能够获得下一期交易机会，取决于承包人当期合同行为是否符合发包人期望，因此当期合同履行中的机会主义行为收益不足以覆盖下一期合同收益期望值，承包人自然会在当期合同中采取有利于合同目的实现的合作行为，尽量规避合同不完全性衍生的机会主义行为。发包人与承包人的重复合作，事实上将前期交易关系嵌入后期交易，一方面极大地降低了交易成本，另一方面也在较大程度上弥补了合同的不完全性。在不完全施工合同条件下，关系嵌入式契约能够对正式制度下的显性合同起到补充作用，能在长期、重复博弈中触发合作行为，预防承包人的机会主义倾向。

在单次交易中，由于关系契约缺位，初期信任度较低，当事人缔约成本较高；单次交易博弈往往会使当事人陷入囚徒困境，产生非合作性效率损失。在重复交易中，前期交易关系嵌入后期交易，承包人机会主义行为动机大幅削弱，这不仅使交易成本大幅降低，而且有助于破解囚徒困境，使合同交易达到新的合作博弈均衡点，使合同效率与单次交易相比明显提升。

9.4　结论与展望

承包人的道德风险行为可能会造成发包人的合同利益受损，可能会对合同履约效率产生负面影响，所以激励兼容的合同设计对不完全合同的履行意义重大。在正式契约下，发包人与承包人能够通过签订书面施工合同达成合意。合同受到第三方法律规范的强制性约束，同时可以被第三方所验证。正式契约的激励作用主要包含以下三个方面。首先，发包人可以与承包人商议双方的风险分配条款。发包人应注意区分、辨别承包人的风险态度。风险厌恶程度较高的承包人更加偏好固定支付，所以发包人可以增加一定比例的固定报酬，减少激励报酬。有一定风险承受能力的承包人的风险规避程度较低，发包人可以制定强激励条款。同时，双方要考虑在外部环境的影响下，是否会产生履约障碍。其次，设置工期、成本、质量等目标任务的正向与负向激励条款。承包人的努力水平会受边际成本变化率影响，当承包人需要付出超额的人力、物力等来实现多任务目标时，其履约的积极性不会增加，反而会有消极怠慢的表现。工程交付时，承包人在进度方面的相对努力变化率越低，在赶工中投入的努力会越多，但此时可能会对质量造成一定的负面影响。所以发包人在合同中设置激励条款的同时，应当在合同履行中更加关注合同履行偏差，及时纠偏，避免为了追求某个特定目标而牺牲其他目标。最后，可以被第三方观察与验证，对承包人可能出现的道德风险行为给予惩罚措施。一旦出现履约障碍，发包人与承包人产生建设工程施工合同纠纷，法院作为第三方可以凭借契约双方提供的施工合同与相关协议对相关诉求做出裁判。基于正式契约的两个激励作用，正式契约的可测度性不仅能约束承包人的行为，而且能够保障发包人的合法权益。例如，承包人存在偷工减料等道德风险行为时，发包人可就工程质量问题提起诉讼，此时发包人要承担举证责任。在司法实践中，我们注意到以下几个常见原因可能导致发包人索赔失败。第一，发包人已对交付工程进行竣工验收，无法举证承包人存在偷工减料等行为，或是无法证明后期出现质量问题与承包人施工中的行为有关联。因为工程经竣工验收合格，就意味着发包人对承包人工作成果的认可，如果无法证明承包人的违法或违约行为导致该质量问题，那么索赔在缺乏充分证据的情况下，往往得不到法院的支持。但在保修期，承包人对质量问题仍有修复义务。第二，工程质量缺陷是发包人原因造成的，如甲供建筑材料、构配件或设备等不符合质量标准导致工程质量存在缺陷。发包人一方面通过设置合同条款约束承包人行为，另一方面忠于诚信原则全面履行合同义务。综上所述，在清晰的正式契约下，缔约双方能对合同条款有较为明确的约定，发包人能对承包人的行为进行有效约束；随着合同条款的完整性与清晰程度提高，合同纠纷会被更为有效率地解决。随着正式契约清晰度提升，缔约双方当事人的交易成本可能会增加。对于一般的建设工程施工合同，不完全性造成的效率损失仍旧存在，所以需要运用关系契约，不仅可以减少在订立时双方的交易成本，也能激励承包人更好地履约。

然而，正式契约仍存在激励不足的现象，关系契约的介入能有效弥补这个不足，促进双方履约效率的提升。关系契约的激励作用主要体现在以下两个方面。首先，关系契约通过自执行力调整发包人与承包人的合作关系，与正式契约的不同在于它不依赖完美的完全合同，并能通过双方的再谈判弥补漏洞。关系契约自执行力受折现系数影响。当折现系数在临界值范围内增加时，关系契约的自我履约强度不断增强。超过临界值后，虽然自执行力仍在提升，但履行激励系数将不再提高。这是因为对于发包人来说，过高的治理水平超过了道德风险水平，会增加不必要的治理成本；对于承包人而言，如果自身的综合能力水平不够高、规模不够大，承包人可能更看重当期收益而忽略远期声誉激励。其次，关系契约调整长期合作关系。即使承包人与某个项目发包人签订了单次合约，但在以后的合作中，其他发包人会通过观察判断该承包人是否是可以信赖的合作对象，一旦承包人当期缔约和履约有瑕疵且被验证，发包人与该承包人重复交易的概率将会受到不利影响。基于此，本书认为发包人与承包人应建立一种以正式契约为主、关系契约为辅的履约激励组合模式，促进双方的长期交易，提高合同履约效率。

为了模型的简洁性，在建立模型时，本书对工程项目任务目标函数做了一定的妥协。本书认为研究不同的工程项目存在任务目标的互替性，建立多因素动态激励模型会更加贴近实际情形。因此，结合承包人在工期、质量、成本任务方面的互替性构造正式契约与关系契约履约激励模型是未来研究的一个方向。

第 10 章
不完全施工合同纠纷解决的经济分析

10.1 不完全施工合同纠纷解决概述

工程项目完成过程中，由于施工合同的不完全性，合同双方会产生纠纷，如对工程质量、工期进度、工程价款、工程变更、工程验收等方面的争议。此时，对纠纷的解决尤为重要，合适的纠纷解决机制能够有效保证项目的顺利完成。

10.1.1 国外纠纷解决

通过诉讼解决纠纷，在国外也存在着程序复杂、成本较高、持续时间长的问题。一些法治水平较高的国家的司法公信力和权威可能高于我国，但在其他方面没有优势。国外在解决施工合同纠纷中较为突出的点在于其有较为成熟的ADR纠纷解决制度。ADR（alternative dispute resolution）的概念源于美国，特指诉讼制度以外的纠纷解决程序或机制，包括当事人借助第三方达成的协商和解、行业性及专业性纠纷解决机构的裁决、民间调解、行政机关裁定等传统方式，以及近年来产生的调解与仲裁相结合、调解与诉讼相结合、小型审判与和解会议相结合等方式①。建设工程施工合同对ADR机制的运用最具代表性的就是FIDIC，其中包括谈判、调解、争端委员会、争端审议委员会、索赔审议委员会、争端裁决委员会、仲裁、小型法庭等方式。这些方式具有可以尽可能节约纠纷解决的成本、双方都可以更好地控制自己的命运（与诉讼和仲裁相比）、程序快捷且程序更加易于保护双方，以及通过这些方式难以处理时仍可以及时申请仲裁和提起诉讼等特点，对于解决建设工程施工合同纠纷是十分有效的②。

---

① 朱树英．建设工程法律实务［M］．北京：法律出版社，2001.

② 尼尔 G. 巴尼．FIDIC系列工程合同范本——编制原理与应用指南（原著第三版）［M］．张水波，王佳伟，仉乐，等译．北京：中国建筑工业出版社，2008.

10.1.2　国内纠纷解决方式

在解决施工合同纠纷方面，相较于国外，国内纠纷解决方式较为单一。合同双方互信水平较低，面对纠纷时没有积极合作解决的观念，使解决纠纷的成本较大、花费的精力和时间较多。目前，国内的纠纷解决方式主要有和解、调解、仲裁、诉讼、争议评审。

1. 和解

和解，也可称为协商、谈判，是合同双方在发生纠纷后，在双方自愿、友好的基础上，依照有关法律和签订合同的规定，自行协商解决纠纷的方式。通过和解的方式解决纠纷能够节省时间、节约费用，有利于双方进行后续的合作、建立良好的关系。首先，和解简便易行，能够及时对出现的问题进行协商解决，形式和地点的选择多样化，有利于防止纠纷升级。与仲裁和诉讼相比，和解较少受到法律程序的约束，更多取决于双方的选择。其次，和解的针对性强。对于合同纠纷而言，有些信息是很难被第三方观察并证实的，采用和解的方式时，双方对纠纷的各种信息都了解得较为清楚，有利于抓住主要矛盾和关键因素解决纠纷，不至于在一些细枝末节问题上有太多纠缠。最后，和解有利于双方良好关系的维护，为将来的进一步合作打下基础，能达成双赢的效果。但和解的实施也有一定的难点，和解谈判过程中，需要具有专业知识、经验丰富并有一定的谈判技巧的专业人士让双方的利益达到平衡，缺乏这样的专业人士会使和解的效果大打折扣。和解协议的效力较难保障也是一个问题，和解协议不具有强制性，和解后一方或双方可能不按照既定的方案执行，一再拖延，很难保证和解协议能够得到执行。

2. 调解

调解是在合同纠纷发生后，在第三方的主持下对合同双方进行说服、协调，使双方当事人就纠纷达成一致意见，友好地解决纠纷的方式。第三方可以是政府有关部门、法院、机构、有关组织以及双方认可的个人。调解一般是在双方无法达成和解的情况下，选择第三方进行调解。调解同样具有和解的一些优点，能够节省时间和金钱，可以及时解决纠纷，可以防止事态变得更加严重，在形式上较为灵活，程序简单。请监理工程师进行调解时，双方可将发生的纠纷交由监理工程师进行调解，由监理工程师给出处理意见。监理工程师是一开始就介入工程实施的，对工程项目情况了解得较为清楚，其作为公正的第三方进行调解是一种有效的解决纠纷的方式。调解增加了第三方，主要通过第三方的协调、说服来解决纠纷。在双方缺乏信任的情况下，第三方的意见能被双方接受。由于第三方的存在，基于自身情况及声誉的考量，调解协议的执行会更加顺利。调解难点在于，要保证第三方的公平以及专业性。在实际当中，通过一些调解组织或法院调解时，其专业性可能无法保障；当选择监理工程师调解时，由于其受雇于发包人，其公正性可能会受到质疑。

3. 仲裁

仲裁是根据合同双方事前签订或事后约定达成的仲裁协议，自愿将双方的纠纷提交给仲裁机构，由仲裁机构做出裁决的方式。双方当事人有义务履行仲裁的决定。仲裁本质上是一种契约行为，所以这种方式必须是双方自愿的，由双方协商一致达成仲裁协议，根据仲裁协议将纠纷提交仲裁。我国实行仲裁委一裁终局制度，在仲裁庭做出裁决后，当事人就同一纠纷再次申请仲裁或向法院提起诉讼的，不予受理。因此，仲裁的时间较短、程序也较简便。进入仲裁程序后，双方仍可以进行调解，调解不成再仲裁。调解成功后，仲裁庭可根据调解结果制作调解协议书或根据仲裁结果制作裁决书。调解书和裁决书对于双方而言都是具有法律效力的文件。仲裁的结果具有强制性，如果一方不执行仲裁的结果，另一方可以向法院提出申请强制执行。法院确认仲裁协议效力后，可以强制执行，这对仲裁协议的效力是一个有效的保证，使任何一方都无法逃避应负的责任。与诉讼相比，仲裁的保密性更强：诉讼一般是要公开开庭的，法院的判决需要向公众披露；仲裁一般不公开审理，也不公开结果，这样的形式更适用于施工合同双方保密的要求。当然，仲裁也有不足之处：申请仲裁的费用一般较高；由于仲裁的性质，仲裁机构没有权利要求不愿作证的第三方参加仲裁。

4. 诉讼

诉讼是将纠纷提交法院，由法院受理并行使审判权，对双方的争议纠纷根据法律做出判决的方式。法院的判决具有强制性。司法审判是解决纠纷的常规方式，具有终局性、权威性、强制性等特点。当事人无法通过自治来解决纠纷时，只能求助公权力救济，通过诉讼或仲裁终结合同当事人的意思自治。建设工程合同纠纷一般为民事诉讼。我国民事诉讼制度为二审终审制度，二审后，当事人不得再进行上诉，必须执行判决。法院作为资源再分配者，以完全合同的“标准理性人”取代“当事人”，摒弃“意思自治”，以社会效率来分配风险，将法律权利分配给能以最小成本赢得最大收益的一方。对建设工程合同纠纷而言，采用诉讼方式具有终局性和权威性，判决可以得到强制执行。但是诉讼方式的缺点在于程序较为复杂，诉讼时间长，付出的成本和精力较大。诉讼是处理纠纷的最后一道防线，注重法律上的公平性，有时难以使复杂工程合同纠纷达到法律和社会效果的统一。诉讼注重证据，当事人必须为自身提出的主张拿出法律证据。这些证据可能由于形式上不符合法律的规定而无法被采用，诉讼可能花费时间过长、取证困难，可能导致一些合理的主张无法得到法院的支持。

5. 争议评审

争议评审制度是我国参照国外的 ADR 模式制定的一种非诉的纠纷解决方式。《合同（示范文本）》对争议评审方式进行了介绍。合同当事人可以在专用合同条款中约定采用争议评审方式解决争议。合同当事人可以选择一名或三名评审员，组成评审小组。合同当事人可在任何时间就与合同有关的任何争议提请争议评审小组进行评审。争议评审小组应秉持客观、公正原则，充分听取合同当事人的意见，依据法律、规范、标准、案例经验及商业惯例等，自收到争议评审申请报告后 14 天内做出书面决定，并说明理由。《中华人民共和国标准施工招标文件》（2017 年版）规定，争议评审是争议解决的方式之一。申请人应向争议评审小组提交一份详细的评审申请报告并附必要的证明材料，同时将申请材料抄送被申请人和监理方；被申请人应在收到申请报告后的 28 天内提交答辩报告。争议评审小组按照材料和调查的内容，独立、公正地做出评审。争议评审制度作为一种纠纷解决方式，有其自身的优越性，能迅速、快捷地解决纠纷。由于可以在合同签订后就组建争议评审小组，小组成员介入项目早，对项目的过程信息了解充分，做出的决定更易被双方接受。但是在实践中，采用这种方式的工程项目并不多，原因可能在于我国的争议评审配套制度还不完善，范本的规定多为原则性规定，实际操作性不强；与现有的争议解决制度衔接不够完善，争议评审小组的评审结果没有强制性，没有形成与仲裁或诉讼的有效衔接。

10.2 供给需求分析

供给需求是经济学分析中的重要工具，供给需求分析构成了对商品及其生产要素经济分析的基本内容。分析供给和需求能够从经济学上对合同纠纷解决的市场进行宏观把握，明确现有的纠纷解决供给和需求是否平衡[①]。

10.2.1 施工合同纠纷解决的市场

从交易成本的视角来看，工程项目的建设就是一次交易，发包人购买承包人的建筑产品，承包人出卖自身的劳动。在这个过程中的纠纷解决问题也存在一个市场，合同双方产生的纠纷需要解决，是市场的需求者。从现行的纠纷解决方式来看，当事人可以和解，和解不成可以调解，调解不成可以进行仲裁或诉讼。当然，这些步骤不具有连续性，双方可以直接选择仲裁或诉讼。这种施工合同纠纷解决体系可以视为市场上的供给者，具体来看，每种方式的服务提供者，如调解中的个人、行业组织协会等都是这种服务的供给者。供给者提供解决纠纷的服务，供求双方进行交换形成纠纷解决产品。

① 傅颖．侵权立法的经济学分析［D］．长春：吉林大学，2009.

在这个市场上，与一般的交易不同的是，合同纠纷解决的交易可能无法一次完成，是一种延迟交易。需求者购买完服务后可能无法马上得到需要的产品，需要经过一段时间的等待才能得到结果。这种时间的延迟就会带来不确定性，即最终得到的产品可能不会使双方满意。同时，这个市场具有一定的垄断性，没有充分的竞争。例如，第三方调解的服务供给者是相对固定的，包括行业组织、相关部门、法院、受双方认可的个人。这个市场还表现出效率较低的特点，如同市场经济理论对垄断市场的描述，主要表现为产量不足、价格偏高、市场障碍、资源浪费等。争议评审制度相关的配套操作制度一直不完善，相关规则制度滞后；法院作为司法服务的提供者，具有完全的垄断性，没有任何竞争压力，其注意力更多不是放在提升效率上，而是放在流程和费用上，可能导致产生更多成本。

10.2.2　合同纠纷解决的供给

合同纠纷解决的供给是由市场上的纠纷解决服务者提供的。和解是指由双方协商解决纠纷，不涉及其他服务提供者，即和解属于供给和需求为一体的服务。从理论上讲，这种服务的供给是无限的，只要双方愿意选择使用和解的方式解决问题。由于是自身提供，和解方式不会产生支付给第三方的费用。调解的方式较为灵活，可以选择行政调解、人民调解委员会调解、仲裁机构调解、行业协会调解、双方确认的个人调解等。所以从供给上讲，调解方式的供给是充分的。仲裁和诉讼具有类似的特征，也是现在合同纠纷解决选用最多的方式。这两种方式的供给是有限的。就仲裁而言，国内较为著名的仲裁机构有中国国际经济贸易仲裁委员会、北京仲裁委员会、上海国际仲裁中心、深圳国际仲裁院等。仲裁机构并非按照行政区域设置，一般设置在直辖市或省会城市。因此，仲裁服务的供给是不足的。就诉讼而言，法院是按照行政区设置的，但法院是诉讼服务的完全垄断者，其效率低是必然的。同时，法院是公权力机构，其提供的法律服务是面向全社会的，并非针对某个领域，这也导致法律资源紧张，供给不足。另外，工程合同纠纷的审理需要具有一定的工程专业知识，这也可能会导致诉讼的效率变低。因此，诉讼服务的供给是不足的。

10.2.3 合同纠纷解决的需求

根据中国建筑业协会的统计，在2010年至2018年，每年建筑业增加值占国内生产总值的比重都在6.6%以上①。根据建筑行业纠纷报告，在2014年至2017年，全国建筑行业纠纷的总标的额高达9000多亿元，全国建筑业行业涉诉案件高速增长，4年间公开的裁判文书总量达到1256446份，在2014年到2015年从199346份增长至292550份，增幅高达46.75%。这其中涉及的案由按数量排名依次是建设工程施工合同纠纷(183418份)、民间借贷纠纷（64492份），追索劳动报酬纠纷（34024份)、建设工程分包合同纠纷（25298份)、建筑设备租赁合同纠纷（23245份)。其中，建设工程施工合同纠纷占比高达55.50%。建设工程施工合同纠纷不仅占多数，而且增速也居高不下，2017年保持近10000份裁判文书的高增长量，增长了18.65%②。

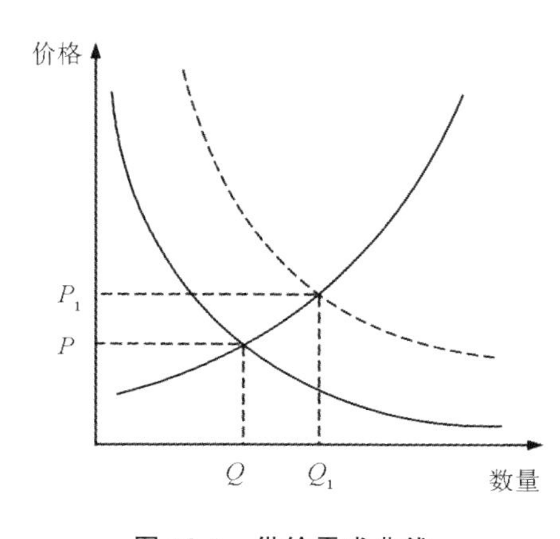

图10-1 供给需求曲线

从以上数据来看，施工合同纠纷解决的市场需求仍将进一步扩大，而仲裁和诉讼的供给相对不足。根据供给需求价格理论，在需求逐步扩大（需求从 Q 上升到 Q_1）而供给相对不足的情况下，平衡价格会从 P 上升到 P_1，如图10-1所示。因此，可以预见，在仲裁和诉讼的供给不足的情况下，采取这两种方式解决纠纷时，成本会变高。从供给需求的分析来看，合同纠纷的解决应当更多采用和解或调解的方式，这样双方会付出更低的成本。

---

① 赵峰，王要武，金玲，等.2018年建筑业发展统计分析［J］．工程管理学报，2019，33（2）：1-6.

② 魏存仪，孟霞，付喜桂，等.2014～2017年建筑行业纠纷大数据报告［J］．建筑，2018（14）：26-27.

10.3　成本收益分析

成本收益分析是对规则制度进行经济分析的主要工具。当事人可以通过成本收益分析，选择花费最少、收益最高的方式。在这里，我们先对合同纠纷解决的成本和收益的概念加以明晰。成本是经济学中十分重要的概念，因为厂商生产与销售某种商品的数量取决于该物品的价格成本，更进一步讲，供给量取决于增加供应的边际成本。当边际收益等于边际成本时，厂商的利润最大。

10.3.1　再谈判的经济分析

不同的解决方式的成本和收益是不一样的。和解是指双方经过协商、谈判，友好地解决纠纷。在这个过程中，双方要付出以下成本。第一，人力成本。双方均要委派专人进行协商，这些人员的基本工资费用、差旅费用等是要付出的人力成本。第二，时间成本。在和解的过程中，双方均要付出时间，双方无法尽快达成一致意见时会经过多轮协商。当纠纷涉及工期时，不解决纠纷会导致无法进行后续工程，此时双方要付出的直接和间接时间成本都较大。第三，证据、材料的调查收集成本。协商谈判需要证据和材料，而有些材料的获取需要一定的成本。采用调解方式时，双方除了要付出人力成本，时间成本，证据、材料的调查收集成本，还可能向第三方支付费用。合同纠纷解决的收益对于合同双方是不一样的：发包人可以获得承包人的赔偿，以及项目顺利完成的收益；承包人可以获得金钱上的赔偿、工期上的顺延或再次合作的长期收益。

以某国际工程项目为例，2000 年，我国某公司与非洲某国签订了扬水干管项目合同，合同金额为 477 万美元，工期为两年，采用 FIDIC 合同条款。项目合同约定："用于项目施工的进口材料可以免除关税"。中国公司认为油料也是进口施工材料，据此向发包人申请油料的免税证明，但该国政府财政部却以柴油等油料可以在当地采购为由拒绝签发免税证明。中国公司对合同条款进行了仔细研究，认为财政部的理由与合同约定不符，因此提出索赔，要求发包人补偿油料进口的关税。中国公司按照约定向监理工程师提交索赔报告并抄送发包人。同时，中国公司在每月月初向监理工程师提交上个月实际采购油料的种类和数量的资料，并将有中国公司与供货商签字的交货单复印附后，作为计算油料关税金额的依据。工程师根据索赔报告提出批复意见，认为油料满足免税条件，中国公司有权根据合同条款申请免税进口油料。发包人在审议后，坚持认为油料是当地材料，拒绝支付索赔的金额。双方不能达成一致意见，形成争议，进入争议解决程序。合同约定，发生争议时，应先致函监理工程师，请求监理工程师就此争议进行裁决。监理工程师应该在收到请求之日起的 84 天内，将其裁决结果通知发包人和承包人。如果在收到监理工程师的裁决之后的 70 天内，发包人和承包人都没有通知监理工程师他们打算就此争议提请法庭仲裁，那么监理工程师的裁决就是最终裁决，对发包人和承包人都有约束力。监理工程师裁决中国公司应得到赔偿，但发包人仍拒绝赔偿。鉴于这种结果，中国公司的项目经理部经过内部讨论并请示公司总部，考虑到该项目的油料用量不大，索赔金额有限（约 15 万美元），如果提请法庭仲裁，可能会影响今后业务的开展，而且要支付律师费用等相关费用，即使打赢官司，索赔金额也所剩无几，因此决定不提请法庭仲裁，争取友好解决。中国公司做了发包人的工作，发包人友好地表示可以增加一些额外工程，但是他们对该项索赔无能为力，因为该国财政部不同意签发免税证明。56 天后，中国公司正式致函发包人：放弃法庭仲裁。

以上案例展示的是一个关于油料的索赔从产生争议到解决的全部过程，最终以中国公司放弃仲裁结束。从中我们可以看出，中国公司为此付出的成本包括项目部的人力成本、固定证据的成本，以及较大的时间成本。最终，考虑到各种因素，中国公司没有提请仲裁。在这次合同纠纷里，中国公司没有获得任何直接的收益，但发包人表示可以额外增加一些工程，这对于中国公司而言相当于获得了更多未来收益，也维护了双方的良好关系。

10. 3. 2 公权力裁判的经济分析

仲裁和诉讼的成本与和解、调解类似，包括时间成本、人力成本、费用成本等。费用成本包括受理费用、勘验费、公告费等，还包括证人、鉴定人出庭的费用。仲裁、诉讼的成本远超和解、调解的成本，要花费更多时间、金钱、人力等，可能出现“赢了官司输了钱”的局面或者用钱换来无法执行的判决书。

我们可以通过案例对这个问题进行更加明确的分析。惠生工程（中国）有限公司（惠生公司）、中国石油四川石化有限责任公司（四川石化）施工合同纠纷中，惠生公司一审请求如下：① 判令四川石化支付惠生公司工程款 116955248.4 元；② 判令四川石化支付惠生公司逾期付款违约金 66711273.69 元（自 2013 年 5 月 7 日起按照每日万分之四暂计至 2017 年 4 月 1 日）；③ 判令四川石化赔偿惠生公司律师费损失 778881 元；④ 本案全部诉讼费由四川石化负担。一审法院经审理，认为惠生公司未能提供充分证据证明其主张的事实，于 2018 年 3 月 22 日驳回惠生公司的诉讼请求。一审案件受理费 964027 元，由惠生公司负担。惠生公司不服，提起上诉，二审法院于 2018 年 7 月 31 日立案，于 2020 年 1 月 10 日做出判决驳回上诉，维持原判。二审案件受理费 964027 元，由惠生公司负担。从这个案例中可以看出，惠生公司两次负担了案件受理费用（接近两百万元），负担了律师费、鉴定费等，并为此付出了大量时间。从收益上来看，惠生公司没有获得任何收益。四川石化同样需要付出律师费、人员的费用以及大量时间，但其最终不用进行任何赔付，是官司的胜诉方。从成本和收益上来看，惠生公司在一次法律商品的交易当中没有获得任何收益，反而付出了较大成本；四川石化通过付出成本得到了自身想获得的结果，是这次交易的受益方。

从以上的分析可以看出，合同纠纷的解决要付出的成本从构成要素来讲包括时间成本、金钱成本、人力成本、关系成本。从收益上看，合同纠纷解决的收益可以分为直接收益和间接收益。直接收益是指获得对方的直接金钱赔偿；间接收益是指获得对方的信任，为以后的工程或长期合作打下基础。从成本和效益来看，和解、调解明显优于仲裁和诉讼。当事人在选择解决纠纷的方式时要充分考虑实际情况和每种方式的成本、收益，选择最合适的处理方式。

10.4 效率分析

效率是经济学研究中的中心问题，是指现有的生产资源与它提供的人类满足的对比关系。表示一个经济单位是有效率的，就是指这个经济单位用一定的技术和服务为人们提供了最大可能的满足。效率是经济分析法学中的基本、核心的概念，经济分析法学的重点是研究资源配置和法律效率问题。

合同纠纷解决的效率分析的关键在于如何提升纠纷解决的效率。根据科斯定理，如果市场的交易成本为零，无论初始权利如何安排，最终的资源配置效率都是最优的。但在交易成本大于零的世界，权利的初始界定以及经济组织形式的选择会对资源配置效率产生影响。因此，想要提高合同纠纷的解决效率，在交易成本不可避免的情况下，应当提前做好权利的初始界定。具体来说，在项目前期，双方一定要就双方的权利、义务、风险分担、收益机制等进行详细的规定，形成明确的约定，这既能有效避免后期纠纷的产生，又能在纠纷产生的时候及时解决纠纷，避免损失扩大。单独一种解决方式不是最有效率的，不能使双方获得最大满足。因此，合同纠纷的解决必须建立一个完善的纠纷解决体系来应对各种不同的合同纠纷。从现有的和解、调解、仲裁或诉讼的解决体系来看，和解、调解对于双方而言是最有效率的，虽然可能会有一方的利益受损，但从总体上看，和解、调解会使总收益增加。但和解、调解的一个很大的问题在于，其结果没有强制执行力。双方花费较大精力解决纠纷，但最后的结果另一方不满意时，其可能仍拒绝执行，这有损效率。仲裁和诉讼是正式的制度安排，其结果对于双方而言都具有强制执行力，因此，其在制度设计的时候要先保证对于双方的公正，效率并非其首选目标。例如，当合同双方未进行提前约定而面临某种不可抗力风险导致无法履行合同，造成损失，从效率的观点看，法院应当以使将来的合同更加有效率的方式分配损失，应当将损失分配给能够以较低成本承担损失的一方，但在实际情况中，法院可能会在双方之间分割损失，让双方共同承担损失。因此，从效率的角度看，我国现行的合同纠纷解决体系应当考虑采用一种能够以效率为目标快速解决纠纷，且结果的执行有一定的强制性的解决方式。具体来说，在现有的争议评审制度的基础上，应当进一步完善，突出效率导向。对于争议评审制度决定的执行效力问题，可以参照 FIDIC 的 DAAB 制度：对争议评审小组做出的决定，双方若不满意，可以发出 NOD，但是应当立即执行决定，拒不执行的可以申请仲裁强制执行。

由以上分析可以看出，提升施工合同纠纷解决的效率，可以从两方面入手。第一，做好初始权利界定，在前期协商、合同签订的过程中，要尽可能将可能发生的情况进行约定，制订好相应的对策，同时要尽可能对纠纷解决制度的安排有明确的规定。这样既能避免纠纷，也能在纠纷发生后有效地解决纠纷。第二，完善合同纠纷解决体系，在现有的和解、调解、仲裁、诉讼的方式的基础上，以效率为导向，完善我国的争议评审制度，使其具有实际操作性，丰富我国的纠纷解决体系。

我国现行的工程合同纠纷解决制度缺乏主动性，侧重事后效率补偿机制，虽然能通过司法手段对双方当事人的行为做出判定，但第三方的干预会增加合同交易与时间成本。针对信息不对称等因素易诱发承包人在履约过程中的机会主义行为动机的现象，本章基于发包人的角度提出防范承包人道德风险的履约激励路径：在正式制度下，采取预防性而非被动性的履约激励手段为发包人设计合同条款提供决策参考，完善相关法律制度安排，加强对纠纷的预防，提高合同示范文本的更新速度，降低纠纷处理的司法成本，提高合同运行的效率；在非正式制度下，提出关系契约自执行的履约激励，补充在正式制度下因合同不完全造成的效率损失，激励承包人的自我履约行为，维护发包人的合法权益。正式制度与非正式制度的结合有利于建立双方长期合作的信任关系，促进建设工程市场的良性发展。

10.5　结　　论

本章对不完全施工合同的纠纷解决进行了经济分析，主要从供给需求、成本效益、效率三个方面进行分析，主要的研究结论有以下几点。

第一，目前，在合同纠纷解决市场上，仲裁和诉讼的供给不足，在合同纠纷解决的需求进一步扩大的情况下，采取仲裁或诉讼的方式解决纠纷的成本会进一步上涨。这提醒我们，在解决纠纷的时候，应当培养合作解决问题的意识，增加自身的信用水平，尽量采用和解或调解的方式。

第二，每种纠纷解决方式的成本、收益不同，在解决纠纷的时候，除了考虑短期的直接收益，也要考虑双方关系的维护和将来可能的长期收益。在选择纠纷解决方式时，可以提前进行收益成本分析，确定最合理、最经济的解决方式。

第三，提升施工合同纠纷解决的效率，可以从两方面入手。首先，做好初始权利界定，尽可能完善合同信息，做好争议解决制度的安排，做到提前预防与有效快速解决相结合。其次，完善现有的合同纠纷解决体系。以效率为导向，完善现有的争议评审制度：可以考虑在一定规模的项目中采用争议评审制度；在合同签订后一定时间内组建评审小组；即使不满意再申请仲裁或诉讼，也应先立即执行决定。

参考文献

[1] AUERBACH J S. Justice without law: Resolution disputes without lawyers [M]. Oxford University Press, USA, 1984.

[2] BENSON B L. Arbitration [M]. Encyclopedia of Law and Economics, 2000.

[3] 朱景文．中国近三十年来诉讼案件数量分析 [N]. 法制日报，2012-01-18 (9).

[4] 科斯，哈特，斯蒂格利茨，等．契约经济学 [M]. 李风圣，译．北京：经济科学出版社，1999.

[5] WITTMAN D. Economic foundations of law and organization [M]. Cambridge University Press, 2006.

[6] 汉斯-贝恩德·舍费尔，克劳斯·奥特．民法的经济分析 [M]. 江清云，杜涛，译．北京：法律出版社，2009.

[7] 汤自军．法经济学基础理论研究 [M]. 成都：西南交通大学出版社，2017.

[8] 康芒斯．制度经济学 [M]. 北京：商务印书馆，1994.

[9] 威廉姆森．资本主义经济制度 [M]. 北京：商务印书馆，1994.

[10] 罗伯特·D·考特，托马斯·S. 尤伦．法和经济学 [M]. 施少华，姜建强，等译．上海：上海财经大学出版社，2002.

[11] 史晋川．法经济学 [M]. 北京：北京大学出版社，2007.

[12] GILMORE G. The death of contract [M]. Ohio State University Press, 1974.

[13] HOLMES O W. The common law, edited by Mark De Wolfe Howe [M]. Little, Brown, 1963.

[14] 王军. 美国合同法 [M]. 北京：对外经济贸易大学出版社，2004.
[15] 张运华，胡冰川. 创业投资的合同交易理论分析 [J]，江西农业大学学报（社会科学版），2003 (4)：5-7.
[16] 陈国富. 法经济学 [M]. 北京：经济科学出版社，2006.
[17] 纳波斯. 法律的经济分析 [M]. 蒋兆康，译. 北京：中国大百科全书出版社，1997.
[18] 胡代光，高鸿业. 西方经济学大辞典 [M]. 北京：经济科学出版社，2000.
[19] BLAUG M. Who's who in economics：A biographical dictionary of major economists 1700-1986 [M]. 2nd ed. The MIT Press，1986.
[20] 钱弘道. 经济分析法学的几个基本概念阐释 [J]. 同济大学学报（社会科学版），2005 (2)，91-102.
[21] MATTHEWS. The economics of institutions and the sources of growth [J]. The Economic Journal，1986，96 (384)：903-918.
[22] 冯玉军. 合同法的交易成本分析 [J]. 中国人民大学学报，2001 (5)：100-105.
[23] 刘廷华. 合同法的经济分析 [J]. 长江师范学院学报，2010，26 (2)：74-78.
[24] BERNHEIM B D，WHINSTON M D. Incomplete contracts and strategic ambiguity [J]. American Economic Review，1988，88 (4)：902-932.
[25] GOETZ C J，SCOTT R E. Liquidated damages，penalties，and the just compensation principle：Some notes in an enforcement model of efficient breach [J]. Columbia Law Review，1977，77 (4)：554-594.
[26] 霍姆斯，许章润. 法律之道 [J]. 环球法律评论，2001 (3)：322-332.
[27] 霍姆斯. 普通法 [M]. 冉昊，姚中秋，译. 北京：中国政法大学出版社，2006.
[28] GOETZ C J，ROBERT E S. Liquidated damages，penalties and just compensation principle：Some notes on an enforcement model and a theory of

efficient breach [J]. Columbia Law Review, 1977, 77 (4): 557.

[29] 罗伯特·考特，托马斯·尤伦．法和经济学 [M]. 张军，等译．上海：上海人民出版社，1996.

[30] 波斯纳．法律与社会规范 [M]. 沈明，译．北京：中国政法大学出版社，2004.

[31] 唐清利．效率违约原论 [D]. 成都：西南财经大学，2006.

[32] 阿蒂亚．合同法概论 [M]. 程正康，等译．北京：法律出版社，1982.

[33] HART O, HOLMSTROM B. The theory of contracts in advanced in economic theory edited by T. Bewley [M]. Cambridge University Press, 1987.

[34] COASE R H. The nature of the firm [J]. Econometica, 1937, 4 (11): 386-405.

[35] HART O, Moore J. Property rights and nature of the firm [J]. Journal of Political Economy, 1990, 98 (6): 1119-1158.

[36] HOLMSTROM B, MILGROM P. Multi-Task Principle-Agent analysis: Incentive contracts, asset ownership and job design [J]. Journal of Law, Economics and Organization, 1991, 7: 24-52.

[37] CHE Y, HAUSCH D. Cooperative investments and the value of contracting [J]. American Economic Review, 1999, 89: 125-146.

[38] MASKIN E, TIROLE J. Unforeseen contingencies and incomplete contracts [J]. Review of Economic Studies, 1999, 66 (1): 83-114.

[39] TIROLE J. Incomplete contracts: Where do we stand? [J]. Econometrica, 1999, 67 (4): 741-781.

[40] 胡蓉．最优违约救济：法和经济学的视角 [M]. 大连：东北财经大学出版社，2008.

[41] EGGLESTON K, POSNER E A, ZECKHAUSER R, Simplicity and complexity in contracts [J]. Working Paper, 2000.

[42] 成虎．工程承包合同状态研究 [J]. 建筑经济，1995 (2): 39-41.

[43] 郭耀煌，王亚平．工程索赔管理 [M]. 北京：中国铁道出版社，1999.

[44] 李晓龙，高显义，林知炎．基于合同状态的工程合同索赔定量研究[J]．系统工程，2005（2）：121-123.
[45] 杨鹂鸣，罗汀．与工程合同状态有关的施工索赔模型[J]．建筑管理现代化，2006（1）：41-43.
[46] 刘华，袁婷．基于粗糙集的影响大型工程合同状态指标体系构建[J]．科技管理研究，2017，37（6）：39-43.
[47] COLLIER K. Construction contracts [M]. 3rd ed. Prentice Hall，2001.
[48] 刘正光．香港青马大桥的工程管理方法[C]//首届工程管理论坛.2007.
[49] 内田贵．契约的再生[M]．胡宝海，译．北京：中国法制出版社，2005.
[50] RANNS R H B，RANNS E J M. Practical construction management [M]. Taylor & Francis，2005.
[51] ROBERT J S. Allocation of risk——the case for manageability [M]. The International Construction Law Review，1996.
[52] JANNADIA M O，ASSAF S，BUBSHAIT A A，et al. Contractual methods for dispute avoidance and resolution (DAR) [J]. International Journal of? Project Management，2000，18（1）：41-49.
[53] MITROPOULOS P，HOWELL G. Model for understanding，preventing，and resolving project disputes [J]. Journal of Construction Engineering and Management. 2011，127（3）：223-231.
[54] EYBPOOSH M，DIKMEN I，TALAT B M. Identification of risk paths in international construction projects using structural equation modeling [J]. Journal of Construction Engineering and Management，2011，137（12）：1164-1175.
[55] CHA S H，SHIN Y K. Predicting project cost performance level by assessing risk factors of building construction in South Korea [J]. Journal of Asian Architecture & Building Engineering，2011，10（2）：437-444.

[56] 程安顺．城市综合体项目风险评估研究 [D]. 杭州：浙江理工大学，2013.

[57] 李祥军，晋宗魁．建设工程施工合同争议成因及对策研究 [J]. 建筑经济，2013 (8)：62-65.

[58] 元云丽．基于模糊层次分析法 (FAHP) 的建设工程项目风险管理研究 [D]. 重庆：重庆大学，2013.

[59] 李欣．建设工程合同与结算风险的研究 [D]. 西安：长安大学，2014.

[60] 朱任巍．HD 建设集团公司工程造价风险管理研究 [D]. 南昌：南昌大学，2014.

[61] 李树珍，邵红星，李蔚萍．公路工程合同价款调整因素分析与探讨 [J]. 公路，2014，59 (8)：102-105.

[62] 井锡卿．建设工程中影响造价的因素分析 [J]. 财经问题研究，2015 (S1)：76-78.

[63] 王国栋．寿光中南·世纪星城 BE2 组团房地产建设项目施工风险管理研究 [D]. 青岛：中国海洋大学，2015.

[64] 张灵芝，徐伟，成虎．工程施工合同争议成因模型 [J]. 土木工程与管理学报，2016，33 (4)：76-82.

[65] 王勇．基于合同文件的工程造价纠纷预防及化解研究 [D]. 西安：西安科技大学，2017.

[66] 傅强生．建筑工程施工风险管理对策分析 [J]. 工程技术研究，2017 (12)：141+157.

[67] El-KARIM A A B S M，NAWAWY E M A O，ABDEL-ALIM M A. Identification and assessment of risk factors affecting construction projects [J]. HBRC Journal，2017，13 (2)：203-216.

[68] 吴明隆．结构方程模型：SIMPLIS 的应用 [M]. 重庆：重庆大学出版社，2012.

[69] 王卫东．结构方程模型原理与应用 [M]. 北京：中国人民大学出版社，2010.

[70] COOPER R，ROSS T. Product warranties and double moral hazard [J]. The RAND Journal of Economics，1985，16 (1)：103-113.

[71] WILLIAMSON O E. Transaction-Cost economics: The governance of contractual relations [J]. Journal of Law and Economics, 1979, 22 (2): 233-261.

[72] ZACK E A. The moral hazard of contract drafting [J]. Florida State University Law Review, 2014, 5 (4): 41-43.

[73] EISENKOPF G, TEYSSIER S. Principal-agent and peer relationships tournaments [J]. Managerial & Decision Economics, 2014, 38 (33): 3017-3019.

[74] 张水波，陈俊颖，胡振宇．工程合同对承包人合作行为的影响研究：信任的中介作用 [J]. 工程管理学报，2015，29 (4): 6-11.

[75] 王恩来．公共工程项目治理中业主方和承包方协作行为博弈分析 [D]. 成都：西南交通大学，2016.

[76] 齐雪晴．PMC 模式下业主面临的道德风险研究 [D]. 成都：西华大学，2018.

[77] 李春友．利益相关者网络视角的复杂产品系统创新风险生成机理研究 [D]. 杭州：浙江工商大学，2018.

[78] 程帆，尹贻林，陈梦龙．基于承包商道德风险防范的激励合同构建研究 [J]. 项目管理技术，2019，17 (9): 49-54.

[79] 史一可．业主视角下的 EPC 项目动态绩效激励机制研究 [D]. 杭州：浙江大学，2021.

[80] LIU J, MA G. Study on incentive and supervision mechanisms of technological innovation in megaprojects based on the principal-agent theory [J]. Engineering Construction and Architectural Management, 2021, 28 (6): 1593-1614.

[81] 何旭东．基于利益相关者理论的工程项目主体行为风险管理研究 [D]. 徐州：中国矿业大学，2011.

[82] 李涛．基于双边道德风险的公路工程监理关系契约模型 [J]. 湘潭大学自然科学学报，2014，36 (4): 110-116.

[83] 李欣欣．基于 AHP-DEA 模型的施工总承包企业项目成本管理激励研究 [D]. 南宁：广西大学，2019.

[84] 冯程，黄梅萍，张笑华，等．工程总承包供应链动态合作契约研究[J]．工程管理学报，2020，34 (1)：60-64.

[85] 徐益．基于系统动力学的装配式建筑政府激励策略博弈分析 [D]．扬州：扬州大学，2021.

[86] 税兵．居间合同中的双边道德风险——以“跳单”现象为例 [J]．法学，2011 (11)：85-92.

[87] 刘强．法律拟制、机会主义行为与知识产权制度研究 [J]．西部法学评论，2015 (05)：1-10.

[88] 程磊．民事诉讼中的机会主义行为研究 [D]．北京：北京理工大学，2017.

[89] 邢畅．建设项目双边道德风险正式与非正式控制研究 [D]．大连：大连理工大学，2017.

[90] 吴光东，杨慧琳．基于演化博弈的建设项目承包商道德风险及防范机制 [J]．科技进步与对策，2018，35 (24)：56-63.

[91] 陈起阳．合同漏洞填补研究 [D]．长春：吉林大学，2019.

[92] 石佳友，高郦梅．违约方申请解除合同权：争议与回应 [J]．比较法研究，2019 (6)：36-52.

[93] 王俐智．合同僵局解除权的“限制”与“扩张”[J]．地方立法研究，2021，6 (4)：71-87.

[94] 章玉萍．建设工程挂靠规制之路径 [J]．人民司法，2021 (28)：76-81.

[95] 房颖．基于业主方视角的复杂工程项目全寿命周期行为风险评价[D]．烟台：山东工商学院，2018.

[96] 张平，马力．项目经理道德风险评价研究——以建筑施工企业为例[J]．建筑经济，2020，41 (2)：15-20.

[97] 戴国红．建设工程交易中机会主义行为识别及治理研究 [D]．南京：东南大学，2020.

[98] 郑霞忠，王爽，晋良海，等．关系冲突对承包人履约行为的影响——关系治理的调节作用 [J]．土木工程与管理学报，2021，38 (2)：17-23.

[99] 尹志军，汤建东，赵文静，等．社会偏好视角下合同风险分担条款诱导承包人尽善履约行为的机理研究 [J]. 工程管理学报，2021，35 (1)：113-118.
[100] 严玲，郭亮，宁延，等．合同柔性对承包人履约行为的激励作用研究：以信息透明度为调节变量 [J]. 管理评论，2021，33 (10)：222-236.
[101] 黄中伟．EPC 工程总承包项目管理模式及其风险研究——以妈祖健康城医疗教育基地工程为例 [J]. 工程技术研究，2021，6 (20)：265-266.
[102] 王姚姚．基于承包商道德风险防范的激励合同研究 [D]. 天津：天津理工大学，2019.
[103] 严玲，王智秀，邓娇娇．建设项目承包人履约行为的结构维度与测量研究——基于契约参照点理论 [J]. 土木工程学报，2018，51 (8)：105-117.
[104] 石磊，邢畅，戴大双．建设工程合同双边道德风险问题研究 [J]. 工程管理学报，2017，31 (1)：123-128.
[105] 姜新宽，唐吟秋，陈勇强．合约控制功能对承包商合作行为影响研究：业主权力的调节作用 [J]. 工程管理学报，2016，30 (4)：1-6.
[106] 尹贻林，徐志超，邱艳．公共项目中承包商机会主义行为应对的演化博弈研究 [J]. 土木工程学报，2014，47 (6)：138-144.
[107] 张喆，贾明，万迪　．不完全契约及关系契约视角下的 PPP 最优控制权配置探讨 [J]. 外国经济与管理，2007 (8)：24-29+44.
[108] 笪可宁，安镜如，马婧婷．基于关系契约视角的建设项目激励问题动态博弈分析 [J]. 沈阳建筑大学学报 (社会科学版)，2013，15 (3)：264-267.
[109] 房勤英，陈立文．基于多委托人代理理论的监理发展分析 [J]. 技术经济与管理研究，2017 (12)：51-55.
[110] 魏光兴，曾静．基于公平偏好的工程总承包委托代理分析 [J]. 数学的实践与认识，2017，47 (16)：81-89.

[111] 杨杰，宋凌川，崔秀瑞，等．基于委托代理理论的 DB 模式道德风险治理研究 [J]. 工程管理学报，2018，32 (1)：35-40.

[112] 王绪民，熊娟娟，苏秋斓．基于委托-代理模型的施工过程成本博弈 [J]. 控制与决策，2019，34 (2)：390-394.

[113] 王先甲，袁睢秋，林镇周，等．考虑公平偏好的双重信息不对称下 PPP 项目激励机制研究 [J]. 中国管理科学，2021，29 (10)：107-120.

[114] LIU J，WANG X. A penalty function method for the principal-agent problem with an infinite number of incentive-compatibility constraints under moral hazard [J]. Acta Mathematica Scientia，2021，41 (5)：1749-1763.

[115] ABDALLAH A A，DARAYSEH M，WAPLES E. Incomplete contract，agency theory and ethical performance：A synthesis of the factors affecting owners' and contractors' performance in the bidding construction process [J]. Journal of General Management，2013，38 (4)：39-56.

[116] MANSOR，SYAIMASYAZA N，AYOB，et al. Incomplete contract in private finance initiative (PFI)：A modified delphi study [J]. Advanced Science Letters，2017，23 (1)：227-231.

[117] Wang S . Incomplete contracts with disparity，uncertainty，information and incentives [J]. Theory and Decision，2024，97 (2)：347-389.

[118] 周威．考虑信息不对称和公平偏好的 PPP 项目合同设计研究 [D]. 邯郸：河北工程大学，2021.

[119] 郑梅华．基于委托代理的建筑承包商激励机制研究 [D]. 泉州：华侨大学，2012.

[120] 曹启龙，周晶，盛昭瀚．基于声誉效应的 PPP 项目动态激励契约模型 [J]. 软科学，2016，30 (12)：20-23.

[121] 马力，黄梦莹，马美双．契约显性激励与声誉隐性激励的比较研究——以建筑承包商为例 [J]. 工业工程与管理，2016，21 (2)：156-162.

[122] 穆昭荣．承包商尽善履约导向下工程总承包项目管理绩效改善的多维路径研究 [D]. 天津：天津理工大学，2021.

[123] 吉格迪，杨康．建设工程项目激励模型中的激励失效问题优化研究 [J]. 工业工程，2021，24 (6)：65-74.

[124] 翁东风，何洲汀．基于多维决策变量的工程项目最优激励契约设计 [J]. 土木工程学报，2010，43 (11)：139-143.

[125] 郑宪强，何佰洲．建设工程合同效率研究 [M]. 北京：中国建筑工业出版社，2013.

[126] 李栗．代建制下基于工期和质量目标的双层委托代理模型研究 [D]. 成都：西南交通大学，2012.

[127] 施建刚，吴光东，唐代中．工期-质量协调均衡的项目导向型供应链跨组织激励 [J]. 管理工程学报，2012，26 (2)：58-64+41.

[128] 曹天，曾伟，周洪涛．工程项目质量的团队激励机制研究 [J]. 武汉理工大学学报 (信息与管理工程版)，2015，37 (3)：368-372.

[129] 陈勇强，傅永程，华冬冬．基于多任务委托代理的业主与承包商激励模型 [J]. 管理科学学报，2016，19 (4)：45-55.

[130] 张家旺．基于多任务委托代理的工程项目承包商激励机制研究 [D]. 南京：南京大学，2016.

[131] 李强，罗也骁，倪志华．基于委托代理理论的工程变更监督机制模型 [J]. 深圳大学学报 (理工版)，2016，33 (3)：301-308.

[132] 郭汉丁，郝海，张印贤．工程质量政府监督代理链分析与多层次激励机制探究 [J]. 中国管理科学，2017，25 (6)：82-90.

[133] 马传广．双边道德风险下工程项目经理的薪酬机制设计 [D]. 天津：天津工业大学，2018.

[134] ZHANG Y, XU L . Quality incentive contract design in government procurement of public services under dual asymmetric information [J]. Managerial and Decision Economics, 2020, 42 (1): 34-44.

[135] ROBERTO S. Optimal incentives schemes under homo moralis preferences [J]. Games, 2021, 12 (1): 28.

[136] GULATI R. Does familiarity breed trust? The implications of repeated ties for contractual choice in alliances [J]. Academy of Manage-

ment Journal, 1995, 38 (1): 85-112.
[137] DYER J H, SINGH H. The relational view: Cooperative strategy and sources of interorganizational competitive advantage [J]. Academy of Management Review, 1998, 23 (4): 660-679 .
[138] Goo J, Kishore R, Rao R H, et al. The role of service level agreements in relational management of information technology outsourcing: An empirical study [J]. MIS Quarterly, 2009, 33 (1): 119-145.
[139] 董士波，陈光云，朱宝瑞，等．公共工程项目契约关系研究——一个基于利益相关者理论的观点 [J]. 华北科技学院学报，2009，6 (1): 93-98.
[140] 夏超尘．PPP 项目利益相关者组织间关系研究 [D]. 重庆：重庆大学，2014.
[141] 周茵，庄贵军，彭茜．关系型治理何时能够抑制渠道投机行为？——企业间关系质量调节作用的实证检验 [J]. 管理评论，2013，25 (1): 90-100.
[142] 严玲，史志成，严敏，等．公共项目契约治理与关系治理：替代还是互补？[J]. 土木工程学报，2016，49 (11): 115-128.
[143] 林艺馨，张慧瑾．合同治理、关系治理对合作行为的影响研究 [J]. 建筑经济，2020，41 (S2): 209-214.
[144] HART O, MOORE J. Contracts as reference points [J]. Quarterly Journal of Economics, 2008, 123 (1): 1-48.
[145] 朱树英．建设工程法律实务 [M]. 北京：法律出版社，2001.
[146] 尼尔 G. 巴尼．FIDIC 系列工程合同范本—编制原理与应用指南（原著第三版）[M]. 张水波，王佳伟，仉乐，等译．北京：中国建筑工业出版社，2008.
[147] 傅颖．侵权立法的经济学分析 [D]. 长春：吉林大学，2009.
[148] 赵峰，王要武，金玲，等．2018 年建筑业发展统计分析 [J]. 工程管理学报，2019，33 (2): 1-6.
[149] 魏存仪，孟霞，付喜桂，等．2014～2017 年建筑行业纠纷大数据报告 [J]. 建筑，2018 (14): 26-27.

附录 A
调 查 问 卷

尊敬的先生/女士：

您好！我是北京建筑大学《不完全施工合同的经济分析》（北京市教委科技计划面上项目，项目编号KM201510016015）的作者。为全面了解实际工程施工合同价款纠纷产生的主要影响因素，特开展此次调查，调查结果仅用于学术研究，不会泄露填写者的任何信息。您的看法对研究结果非常重要，非常渴望您的支持和参与，祝您身体健康、工作顺利！

第一部分 基本信息

1. 您所在单位的性质是（ ）。

A. 工程咨询（含监理）机构　　B. 施工单位

C. 建设单位　　D. 科研机构及高校

E. 政府单位　　F. 其他

2. 您从事工程相关工作的工作年限是（ ）。

A. 3年以下　　B. 3～5年

C. 6～10年　　D. 10年以上

3. 您的最高学历是（ ）。

A. 专科及以下　　B. 本科

C. 硕士　　D. 博士

第二部分 正式问卷

请根据您的经验和判断，分析以下因素对合同价款纠纷的影响有多大，在您认为合理的影响程度对应的空格中打“√”。影响程度等级1～5的含义：1 表示影响程度很小；2 表示影响程度较小；3 表示影响程度一般；4 表示影响程度较大；5 表示影响程度很大。

序号	您认为下列因素对施工合同价款纠纷的影响程度有多大	影响程度（低—高）				
		1	2	3	4	5
A1	自然环境（自然灾害、环境气候变化以及现场施工条件的不确定性，如水文地质条件变化等）					
A2	社会环境（治安情况、公众对项目的干预，如阻碍施工等）					
A3	经济环境（物价异常上涨，借款贷款利率、税率变化等）					
A4	法律环境（法律法规、政策变化，政府的不当干涉等）					
B5	法律意识（合同双方缺乏法律知识或明知故犯，如签订阴阳合同，违法转包、分包、挂靠，施工证照手续不全，强行开工等）					
B6	机会主义（合同双方为了自身利益采用投机手段，如承包人故意隐瞒工程信息、擅自停工、偷工减料，发包人无故拖欠工程款、过于利于买方优势等）					
B7	财务状态（合同双方的资金水平，如发包人资金不足，承包人垫资、资金周转困难等）					
B8	沟通协调（不履行通知义务、信息或工作要求传达模糊、组织协调不力等）					
B9	组织管理（管理人员素质不高，变更管理不规范、签证瑕疵；财务凭证缺失或不规范；安全意识、措施不到位；工程过程资料缺失或不规范等）					
C10	工程量（施工过程中多次进行工程变更、预算外工程量过多等）					
C11	工程技术（工艺落后、技术难度大、工人操作不当等）					
C12	工程进度（进度安排不合理、工程逾期等）					
C13	工程质量（工程质量缺陷、工程质量标准变化等）					
C14	工程验收结算（相关手续、所需资料不完整等）					
C15	工程停工（停工后对已完工程、现场情况盘点不及时等）					

续表

序号	您认为下列因素对施工合同价款纠纷的影响程度有多大	影响程度（低—高）				
		1	2	3	4	5
C16	工程范围（约定施工范围与实际施工范围不一致）					
C17	优先受偿权（优先受偿权的主体、期限、范围争议）					
D18	合同效力（合同的合法性有争议，如违反强制性规定、合同无效或违约解除等）					
D19	合同内容（合同类型不当、条款模糊或不完善，合同描述有歧义，工程量清单错漏、图纸有误等）					
D20	合同管理（合同管理、索赔的能力和意识不足等）					
序号	您认为下列哪些因素最能体现合同价款纠纷的程度	1	2	3	4	5
E21	工程款认定（工程款总额，代付、垫付款项的抵扣，已付、应付数额等方面的争议）					
E22	衍生利息（款项中利息的争议，包括是否计息、计算利率、基数、起算日期等）					
E23	工程担保（款项中的履约保证金、质量保证金等的返还条件、计算方式等的争议）					
E24	违约损害赔偿（项目过程中的怠工损失、停窝工损失、可得利益损失、第三方索赔损失的数额、计算方式、承担主体的争议）					

再次感谢您对建筑行业发展做出的贡献！

附录 B

判 例 信 息

序号	判例
1	(2016) 最高法民终 262 号　四川攀峰路桥建设集团有限公司、陕西黄延高速公路有限责任公司建设工程施工合同纠纷二审民事判决书
2	(2017) 甘 0102 民初 1950 号　甘肃华成建筑安装工程有限责任公司建设工程施工合同纠纷一审民事判决书
3	(2018) 辽 02 民终 7146 号　大连消防工程有限公司与大连益宁房地产开发有限公司、王健确认合同效力纠纷二审民事判决书
4	(2018) 鲁 02 民终 7802 号　青岛海都大酒店有限公司、九江中船长安消防设备有限公司青岛分公司建设工程施工合同纠纷二审民事判决书
5	(2018) 粤民终 2553 号　广元市天成实业有限公司、惠东县长银房地产开发有限公司建设工程合同纠纷二审民事判决书
6	(2020) 最高法民申 2273 号　四川汇源能源有限公司、汇源集团有限公司委托合同纠纷再审审查与审判监督民事裁定书
7	(2019) 豫 0105 民初 5498 号　沈阳远大铝业工程有限公司与河南龙宇房地产开发有限公司建设工程施工合同纠纷一审民事判决书
8	(2020) 鄂 06 民再 39 号　湖北同利投资有限公司、王道启建设工程合同纠纷再审民事判决书
9	(2020) 鲁 01 民终 12724 号　浙江省东阳第三建筑工程有限公司与济南市钢城区西冶高城置业有限公司建设工程施工合同纠纷二审判决书
10	(2020) 苏 06 民终 4027 号　浙江省建设投资集团有限公司与赵永胜、南通华荣建设集团有限公司等劳务合同纠纷二审民事判决书
11	(2020) 皖 02 民终 2667 号　三只松鼠（无为）有限责任公司、马鞍山广數工程管理有限公司建设工程施工合同纠纷二审民事判决书
12	(2020) 新 0102 民初 951 号　乌鲁木齐市第×××小学与新疆西域辉煌建设工程有限公司建设工程施工合同纠纷一审民事判决书
13	(2020) 浙 8601 民初 100 号　中铁四局集团有限公司与江苏易通达工程有限公司建设工程合同纠纷一审民事判决书
14	(2019) 豫民再 773 号　广东水电二局股份有限公司、河南中科建筑劳务有限公司与王书华、南阳宛达昕高速公路建设有限公司建设工程施工合同纠纷再审民事判决书

续表

序号	判例
15	(2020) 最高法民终 912 号　广元市川越建筑劳务有限公司、中国水利水电第八工程局有限公司建设工程施工合同纠纷二审民事判决书
16	(2020) 皖民终 596 号　安徽通祥建设集团有限公司、淮南市重点工程建设管理局建设工程施工合同纠纷二审民事判决书
17	(2021) 沪民终 520 号　上海天安金谷科技园企业发展有限公司等与建设工程施工合同纠纷民事二审案件民事判决书
18	(2021) 辽 0804 民初 2855 号　山东天幕集团总公司、中冶置业（营口）万隆广场有限公司建设工程施工合同纠纷民事一审民事判决书
19	(2021) 鲁 06 民终 1699 号　烟台市芝罘园林工程有限责任公司、烟台高新技术产业开发区公用事业管理处建设工程施工合同纠纷二审民事判决书
20	(2021) 苏 04 民终 2372 号　刘伟、江苏德朗尼工业自动化有限公司建设工程施工合同纠纷二审民事判决书
21	(2021) 苏 11 民终 211 号　211 镇江冠城房地产开发有限公司与镇江德高建筑安装工程有限公司不当得利纠纷二审民事判决书
22	(2021) 浙 04 民终 3079 号　浙江嘉禾建设有限公司、精基科技有限公司建设工程施工合同纠纷二审民事判决书
23	《中华人民共和国最高人民法院公报》2014 年第 8 期 江苏南通二建集团有限公司与吴江恒森房地产开发有限公司建设工程施工合同纠纷案
24	(2018) 最高法民终 858 号　福建青隆建筑工程有限公司、福建青隆建筑工程有限公司平顶山市分公司建设工程施工合同纠纷二审民事判决书
25	(2022) 苏 08 民终 28 号　淮安市大运河文化带规划建设管理办公室、华鼎建筑装饰工程有限公司等建设工程施工合同纠纷民事二审民事判决书